应用型人才培养精品教材

Python 语言程序设计实践教程

主　编　陈素芬　赵　嘉

副主编　王员云　韩宇贞

U0209424

电子工业出版社

Publishing House of Electronics Industry

北京·BEIJING

内 容 简 介

本书是《Python 语言程序设计》的配套实践教材，共 9 章。第 1 章介绍了 Python 语言的特点，以及 Python 自带的 IDLE 开发环境的使用方法；第 2 章介绍了数据类型、运算符及顺序结构程序设计，配备了 13 道验证、启发和设计等类型的实训实验题；第 3 章介绍了分支结构，配备了 17 道实训实验题；第 4 章介绍了循环结构，配备了 19 道实训实验题；第 5 章介绍了组合数据类型，配备了 15 道实训实验题；第 6 章介绍了函数与模块，配备了 15 道实训实验题；第 7 章介绍了面向对象程序设计，配备了 13 道实训实验题；第 8 章介绍了文件相关知识，配备了 15 道实训实验题；第 9 章介绍了图形绘制相关知识，配备了 15 道实训实验题。本书所有实训内容均可在 IDLE 中运行。

除配备的实训实验题外，本书还提供了大量习题，题型丰富，包括选择题、填空题、程序阅读题、编程题和简答题等，有些是由历年全国计算机等级考试试题汇编而成的，本书附录是一套全国计算机等级考试二级 Python 语言程序设计考试例卷。

本书既可作为普通高等院校各专业"Python 语言程序设计"课程的配套教材，又可作为自学 Python 及相关考试的参考用书。

图书在版编目（CIP）数据

Python 语言程序设计实践教程 / 陈素芬，赵嘉主编. —北京：电子工业出版社，2023.12

ISBN 978-7-121-47325-8

Ⅰ. ①P… Ⅱ. ①陈… ②赵… Ⅲ. ①软件工具—程序设计—教材 Ⅳ. ①TP311.561

中国国家版本馆 CIP 数据核字（2024）第 022459 号

责任编辑：魏建波

印　　刷：三河市龙林印务有限公司
装　　订：三河市龙林印务有限公司
出版发行：电子工业出版社
　　　　　北京市海淀区万寿路 173 信箱　邮编：100036
开　　本：787×1092　1/16　　印张：13　　字数：332.8 千字
版　　次：2023 年 12 月第 1 版
印　　次：2025 年 1 月第 3 次印刷
定　　价：49.80 元

前　言

习近平总书记在党的二十大报告中对"办好人民满意的教育"作出战略部署，强调"坚持教育优先发展""加快建设教育强国"，充分体现了教育的基础性、先导性、全局性地位和作用，为到 2035 年建成教育强国指明了前进方向。作为高等教育的主阵地，高校要全面贯彻党的教育方针，把立德树人的成效作为检验学校一切工作的根本标准，推动我国高等教育高质量发展。教材是落实立德树人根本任务的重要载体，是育人育才的重要依托。

计算机编程语言是程序设计最重要的工具之一，它是计算机能够接收和处理的、具有一定语法规则的语言。Python 是目前非常流行的编程语言，具有简洁、优雅、易读、可扩展等特点，已经被广泛应用到 Web 开发、系统运维、机器学习、游戏开发等领域。教育部在 2018 年将 Python 纳入了全国计算机等级考试范围。

结合教育部高等学校非计算机专业计算机基础课程教学指导分委员会提出的《关于进一步加强高等学校计算机基础教学的几点意见》（以下简称白皮书）提出的"进一步推动高等学校的计算机基础课教学改革，提高实践教学质量"，编者组织了长期从事"Python 语言程序设计"课程教学的教师编写了本书。本书是与理论教材《Python 语言程序设计》配套的实践教程。本书的编写遵循以下几个原则。

第一，实验内容层次化、模块化和知识点化，以适应不同水平的程序设计爱好者。 每章节的实验分为 3 个层次：验证性实验、启发性实验、设计性实验，难度由低到高。难度递进的学习过程既能循序渐进地引导初学者熟悉程序设计，也能使有一定基础的学生开拓思路。

第二，实验内容选择科学，贴合学生需求。 本书的实验题型设置和内容的编排紧扣全国计算机等级考试二级 Python 语言程序设计考试大纲，旨在更好地帮助学生通过全国计算机等级考试二级 Python 语言程序设计考试。

第三，设计多种题型，从不同维度训练学生，突出培养学生的动手能力和编程能力。 本书遵循白皮书中的基本要求，兼顾"必需够用，有一定前瞻性"的要求，突出培养学生的动手能力和编程能力。本书选用了实训操作题、选择题、填空题、程序阅读题、编程题等不同题型，将相同的知识点以不同的形式呈现给学生，从不同维度训练学生对知识的灵活运用。

　　本书由南昌工程学院信息工程学院计算机基础教研室的教师编写。全书共 9 章，第 1～2 章、第 7 章由陈素芬编写，第 3～4 章、第 8 章由韩宇贞编写，第 5～6 章、第 9 章由王员云编写。陈素芬、赵嘉负责全书的统稿工作。

　　在本书的编写过程中，得到了南昌工程学院信息工程学院计算机基础教研室全体教师的支持，在此表示衷心感谢。

　　由于计算机技术的发展日新月异，加上编者水平有限，书中疏漏之处在所难免，敬请专家、教师和广大读者不吝指正，有问题请发送邮件到 csf@nit.edu.cn。

编者

目　　录

第 1 章　绪　论

1.1　知识要点回顾

1.1.1　Python 概述

Python 是 1989 年由荷兰人吉多·范罗苏姆（Guido van Rossum）发明的一种面向对象的解释型高级编程语言。它的设计哲学是"优雅、明确、简单"，具有简单、开发速度快、节省时间等特点。发展到今天，Python 已经成为最受欢迎的程序设计语言之一，并被广泛应用于数据科学、人工智能、网站开发、系统管理、网络爬虫等领域。

Python 自发布以来，主要经历了 3 个版本，分别是 1994 年发布的 1.0 版本、2000 年发布的 2.0 版本和 2008 年发布的 3.0 版本。目前，Python 官网保留的版本主要是 Python 2.x 系列和 Python 3.x 系列。Python 2.x 的最高版本是 Python 2.7，目前已经停止开发。Python 2.x 与 Python 3.x 并不兼容。相较于 Python 2.x，Python 3.x 更规范、统一，去掉了某些不必要的关键字与语句。Python 3.x 支持的库越来越多，开源项目中支持 Python 3.x 的比例已经大大提高。本书中的程序是在 Python 3.11 版本下实现的。

1.1.2　Python 的下载与安装

Python 可以用于多种平台，包括 Windows、Linux 和 macOS 等。本书采用的操作系统是 Windows 10，使用的 Python 版本是 Python 3.11.1。Python 的下载与安装过程如下。

（1）打开浏览器，在地址栏中输入 Python 官网的网址，进入官网，如图 1.1 所示。

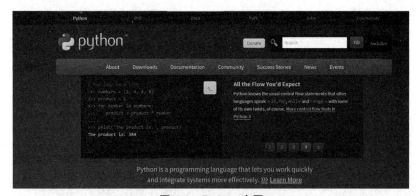

图 1.1　Python 官网

（2）单击图 1.1 中的"DownLoads"选项，进入 Python 下载页面，如图 1.2 所示。

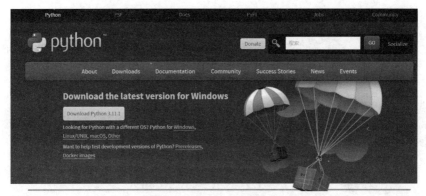

图 1.2　Python 下载页面

（3）单击图 1.2 中的"Download Python 3.11.1"按钮进行下载。下载的文件名为 python-3.11.1-amd64.exe。双击该文件，进入 Python 安装界面，如图 1.3 所示。选择"Install Now"将采用默认安装模式，选择"Customize installation"可自定义安装路径。勾选界面下方的"Add python.exe to PATH"选项，安装完成后将自动添加环境变量。

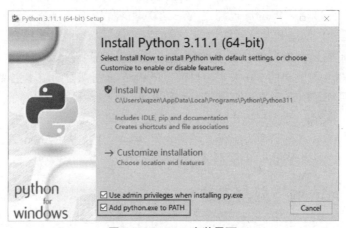

图 1.3　Python 安装界面

（4）检验 Python 是否可用。打开控制台（按 Win+R 快捷键打开"运行"对话框，输入"cmd"并单击"确定"按钮），输入"python"并按回车键，会出现如图 1.4 所示的 Python 版本号，表示已经正确安装 Python。

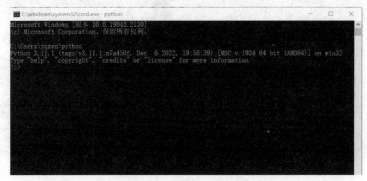

图 1.4　Python 版本号

（5）安装成功后，Windows 系统会在"开始"菜单中显示 Python 命令，如图 1.5 所示。这些命令的具体含义如下。

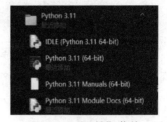

- IDLE(Python 3.11 64-bit)：启动 Python 自带的集成开发环境 IDLE。
- Python 3.11(64-bit)：以命令行的方式启动 Python 解释器。
- Python 3.11 Manuals(64-bit)：打开 Python 的帮助文档。

图 1.5　"开始"菜单

- Python 3.11 Module Docs(64-bit)：以内置服务器的方式打开 Python 模块的帮助文档。

1.1.3　内置的 IDLE 开发环境

Python 自带一个集成开发环境 IDLE，它是一个 Python Shell，通过它可编写、调试、运行 Python 程序。单击图 1.5 中的"IDLE(Python 3.11 64-bit)"，可进入 IDLE 主窗口，如图 1.6 所示。运行 Python 程序有两种方式：交互式和文件式。交互式指 Python 解释器响应用户输入的每一行代码，并即时给出运行结果；文件式指用户将程序代码写在一个或多个文件中，然后调用解释器批量运行。

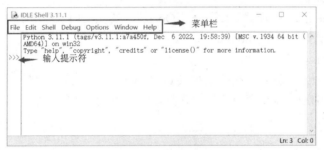

图 1.6　IDLE 主窗口

1．交互式运行简单程序

当代码量较少时，采用交互式运行程序是非常方便的。如图 1.7 所示，打开 IDLE，在提示符">>>"之后输入 print("Hello World!")语句，按下回车键，此时会显示运行结果"Hello World!"，并继续等待用户输入下一条语句。输入 exit()或 quit()可以退出 Python 的运行环境。

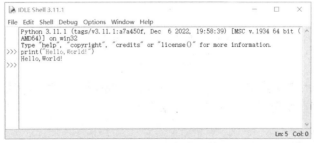

图 1.7　交互式运行程序

2. 文件式运行复杂程序

（1）新建 Python 程序

在 IDLE 窗口中依次选择"File"→"New File"，或按 Ctrl+N 组合键，即可新建 Python 程序。窗口的标题栏中会显示程序名称，初始文件名为 untitled，表示 Python 程序还未被保存，如图 1.8 所示。

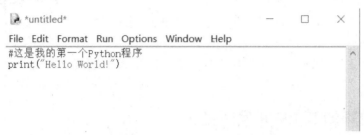

图 1.8　新建 Python 程序

（2）保存 Python 程序

在 IDLE 窗口中依次选择"File"→"Save"，或按 Ctrl+S 组合键，即可保存 Python 程序。如果是第一次保存，会弹出"保存文件"对话框，要求用户输入要保存的文件名，例如"hello.py"。

（3）打开 Python 程序

在 IDLE 窗口中依次选择"File"→"Open"，或按 Ctrl+O 组合键，会弹出"打开文件"对话框，选择要打开的 Python 文件即可。

（4）运行 Python 程序

在 IDLE 窗口中依次选择"Run"→"Run Module"，或按 F5 键，即可运行程序。程序运行结束后，会在 IDLE Shell 窗口中显示运行结果，如图 1.9 所示。

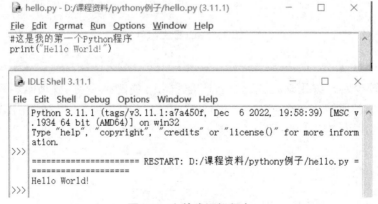

图 1.9　文件式运行程序

（5）语法高亮

IDLE 支持 Python 的语法高亮，即 IDLE 能用彩色标识出 Python 的关键字。例如，注释用红色显示，关键字用紫色显示，字符串用绿色显示。

（6）常用快捷键

IDLE 的常用快捷键及其功能如表 1.1 所示。

表 1.1　IDLE 的常用快捷键及其功能

快捷键	功能说明
Ctrl+[	缩进代码
Ctrl+]	取消缩进代码
Alt+3	注释代码行
Alt+4	取消注释代码行
Alt+/	单词自动补齐
Alt+P	浏览历史命令（上一条）
Alt+N	浏览历史命令（下一条）
F1	打开 Python 帮助文档
F5	运行程序
Ctrl+F6	重启 IDLE Shell，将之前定义的对象和导入的模块全部清除

1.1.4　IDLE 调试器的使用

利用调试工具提供的功能，可以观察程序的运行过程，以及运行过程中变量（局部变量和全局变量）值的变化，快速地找到运行结果异常的根本原因，从而解决程序中出现的逻辑错误。

在保证程序没有语法错误的前提下，使用 IDLE 调试程序的步骤如下。

（1）打开 IDLE Shell，在主菜单中依次选择"Debug"→"Debugger"，打开 Debug Control 对话框，同时 IDLE Shell 窗口中会显示"[DEBUG ON]"，表示处于调试状态，如图 1.10 所示。

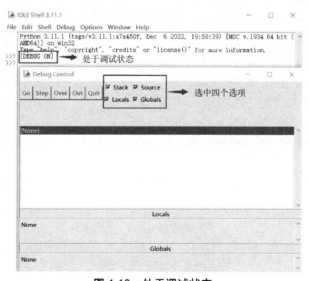

图 1.10　处于调试状态

（2）在 IDLE Shell 中，依次选择"File"→"Open"，打开要调试的程序文件，然后在菜单栏中依次选择"Run"→"Run Module"，或者按 F5 键，这时 Debug Control 对话框中将显示程序的运行信息，如图 1.11 所示。

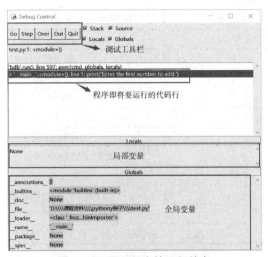

图 1.11　显示程序的运行信息

1. 单步跟踪和运行

单步跟踪和运行功能可以让程序一次运行一行代码，以便查看每一个变量的值。图 1.11 中的调试工具栏中有 5 个按钮，其作用如下。

- "Go"按钮：直接运行至下一个断点处。
- "Step"按钮：进入要运行的函数。
- "Over"按钮：单步运行。
- "Out"按钮：跳出当前运行的函数。
- "Quit"按钮：结束调试。

每单击一次"Over"按钮，就运行一行代码，调试控制窗口将更新到下一行，要运行的代码行将高亮显示。可以在下面的局部变量和全局变量窗口中查看程序运行过程中各个变量值的变化，直至程序运行结束，如图 1.12 所示。程序调试完毕后，Python Shell 窗口中会显示"[DEBUG OFF]"，表示已经结束调试。

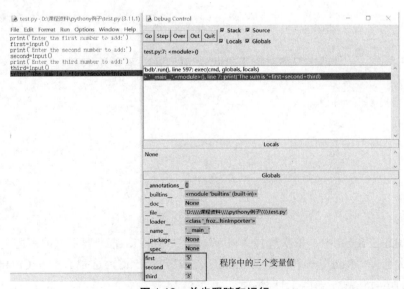

图 1.12　单步跟踪和运行

2. 设置断点

可以在程序的任何地方设置断点，程序运行到设置断点的代码时会停止下来。这样用户就可以查看某个变量运行至某处的值，以此来判断程序代码是否出现错误。

在程序中添加断点的方法是：在想要添加断点的行上单击鼠标右键，在弹出的快捷菜单中选择"Set Breakpoint"，添加代码行，其背景会变成黄色；同样，如果想删除已添加的断点，可以选中已添加断点的代码行，单击鼠标右键，选择"Clear Breakpoint"，如图 1.13 所示。

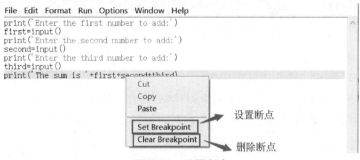

图 1.13 设置断点

添加断点之后，可以按 F5 快捷键，或者在打开的程序文件菜单栏中依次选择"Run"→"Run Module"运行程序，这时 Debug Control 对话框中将显示程序的运行信息。可以直接单击"Go"按钮，让程序运行到断点处，在 Debug Control 对话框中观察变量的值，结合单步跟踪和运行的方式运行可能有问题的程序段，从中发现问题。

1.2 实训内容

实验一 IDLE 集成开发环境

一、实验目的

1. 熟悉 Python 集成开发环境 IDLE 的使用方法。
2. 熟悉交互式运行程序的方法。
3. 熟悉 Python 程序的书写规则。

二、实验设备和仪器

1. 计算机。
2. Windows 10 操作系统。
3. IDLE 集成开发环境。

三、实验内容与步骤

（一）实验任务 1

1. 实验内容。

分别在 Python 解释器中和 IDLE 集成开发环境中运行"print('Hello World!')"。

2. 实验步骤。

1）在 Python 解释器中运行代码。

步骤一：单击"开始"菜单下的"Python 3.11（64-bit）"，启动 Python 解释器。

步骤二：在命令提示符">>>"后输入"print('Hello World!')"，并按回车键，会立即显示运行结果"Hello World！"，如图 1.14 所示。

图 1.14 在 Python 解释器中运行代码

2）在 IDLE 集成开发环境中运行代码。

步骤一：打开 IDLE，进入 IDLE 主窗口。

步骤二：主窗口左侧会显示命令提示符">>>"，在其后输入"print('Hello World!')"，并按回车键，会立即显示运行结果"Hello World！"，如图 1.15 所示。

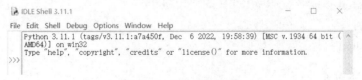

图 1.15 在 IDLE 集成开发环境中运行代码

（二）实验任务 2

1. 实验内容。

使用 IDLE 集成开发环境，编写代码文件 prog1.py，输出"Hello World！"，并运行该代码文件。

2. 实验步骤。

步骤一：在 D 盘根目录中创建一个以学号命名的文件夹，例如 D:\2022100678。

步骤二：打开 IDLE。单击"开始"菜单中的"IDLE(Python 3.11 64-bit)"，进入 IDLE 主窗口，如图 1.16 所示。

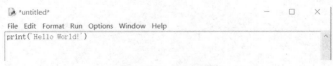

图 1.16 IDLE 主窗口

步骤三：新建文件。在 IDLE 主窗口的菜单栏中依次选择"File"→"New File"，会弹出文件窗口，如图 1.17 所示，输入"print('Hello World!')"。

```
*untitled*
File  Edit  Format  Run  Options  Window  Help
print('Hello World!')
```

图 1.17 文件窗口

步骤四：保存文件。依次选择"File"→"Save"，如果是第一次保存，会弹出"另存为"对话框，将文件保存为 prog1.py；如果之前已经保存过，则会直接覆盖原文件。

步骤五：运行程序。依次选择"Run"→"Run Module"，或者直接按 F5 键，就会开始运行程序。若程序没有错误，则程序运行结束后，会在 IDLE 主窗口中显示运行结果，如图 1.18 所示。

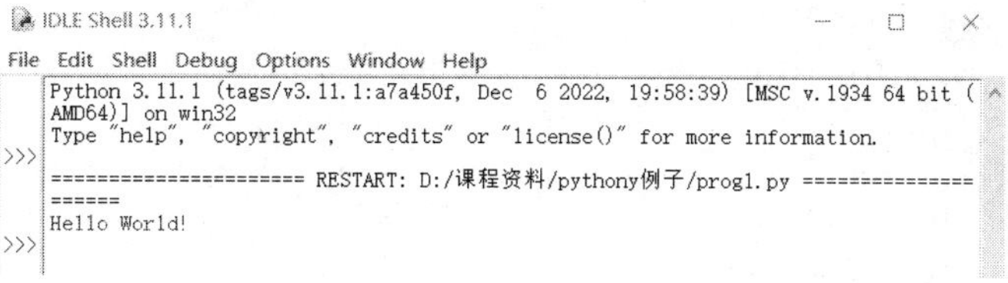

图 1.18　程序运行结果

四、实验报告要求

1. 详细描述实验中各步骤的操作内容以及操作结果。
2. 总结实验中在编辑、运行环节中出现的问题及解决方法。

实验二　验证性实验

一、实验目的

1. 熟悉 Python 集成开发环境 IDLE 的使用方法。
2. 熟悉交互式运行程序的方法。
3. 熟悉 Python 程序的书写规则。

二、实验设备和仪器

1. 计算机。
2. Windows 10 操作系统。
3. IDLE 集成开发环境。

三、实验内容与步骤

（一）调试程序 1

1. 实验内容。

输入一个学生的三门课程成绩，求总分与平均分。

2. 程序代码 prog2.py。

```python
a=eval(input('请输入第一门课程的成绩：'))
b=eval(input('请输入第二门课程的成绩：'))
c=eval(input('请输入第三门课程的成绩：'))
sum=a+b+c
ave=sum/3
print('总分={0:.2f},平均分={1:.2f}'.format(sum,ave))
```

3. 实验步骤。

步骤一：打开 IDLE 主窗口，新建文件，并将其保存为 prog2.py，然后在文件窗口中输入程序代码。

步骤二：运行程序。依次选择"Run"→"Run Module"，或者直接按 F5 键，这时会开始运行程序。

步骤三：若程序没有错误，则会在 IDLE 主窗口中要求用户输入数据，然后显示运行结果，如图 1.19 所示。

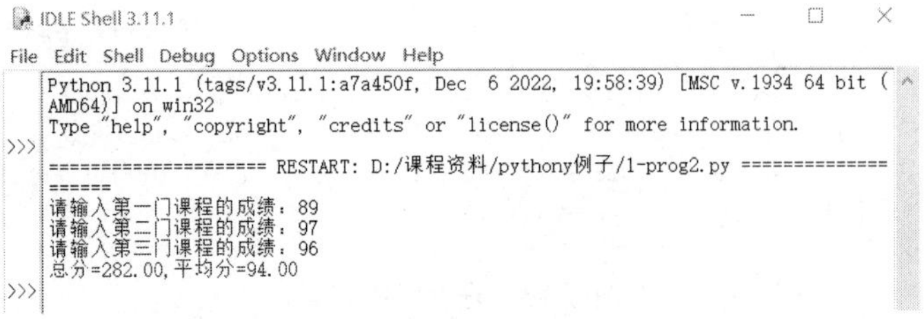

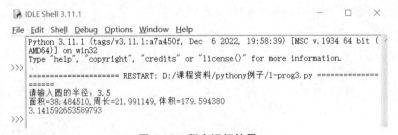

图 1.19　程序运行结果

（二）调试程序 2

1. 实验内容。

输入圆的半径，求圆的面积、周长和对应的球的体积。

2. 程序代码 prog3.py。

```
import math
r=eval(input('请输入圆的半径：'))
area=math.pi*r**2
len=2*math.pi*r
vol=4/3*math.pi*r**3
print('面积={0:.6f},周长={1:.6f},体积={2:.6f}'.format(area,len,vol))
```

3. 实验步骤。

步骤一：打开 IDLE 主窗口，新建文件，将其保存为 prog3.py，然后在文件窗口中输入程序代码。

步骤二：运行程序。依次选择"Run"→"Run Module"，或者直接按 F5 键，这时会开始运行程序。

步骤三：若程序没有错误，则会在 IDLE 主窗口中要求用户输入数据，然后显示运行结果，如图 1.20 所示。

图 1.20　程序运行结果

（三）调试程序 3

1. 实验内容。

编写程序，求下列三个表达式的值。

（1）int(float('7.34'))%4

（2）$\dfrac{4}{3}\pi^3$

（3）$\dfrac{2}{1-\sqrt{7\mathrm{j}}}$ （其中 j 为虚数单位）

2. 程序代码 prog4.py。

```
import cmath
a=int(float('7.34'))%4
b=4/3*cmath.pi**3
c=2/(1-cmath.sqrt(7j))
print(a)
print(b)
print(c)
```

3. 实验步骤。

步骤一：打开 IDLE 主窗口，新建文件，将其保存为 prog4.py，然后输入程序代码。

步骤二：运行程序。选择"Run"→"Run Module"，或者按 F5 键，这时会开始运行程序。

步骤三：若程序没有错误，则会在 IDLE 主窗口中显示运行结果，如图 1.21 所示。

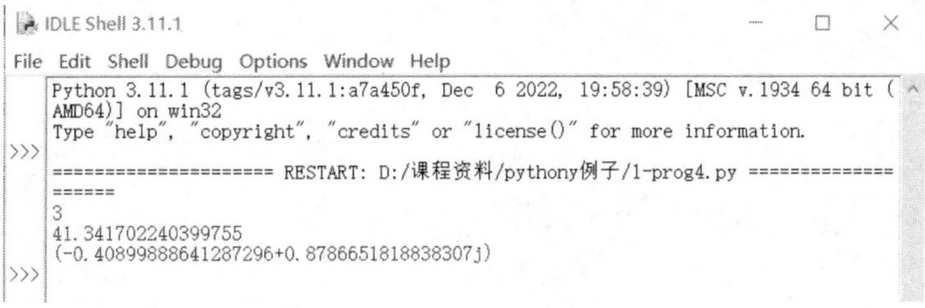

图 1.21 程序运行结果

（四）调试程序 4

1. 实验内容。

使用 turtle 库的 turtle.seth()函数和 turtle.fd()函数绘制一个边长为 100 像素的等边三角形，如图 1.22 所示。

2. 程序代码 prog5.py。

```
import turtle
for i in range(3):
    turtle.seth(i*120)
    turtle.fd(100)
```

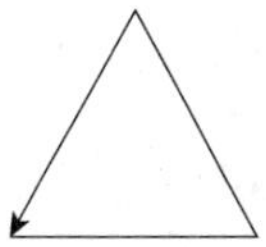

图 1.22 边长为 100 像素的等边三角形

3. 实验步骤。

步骤一：打开 IDLE 主窗口，新建文件，将其保存为 prog5.py，然后输入程序代码。

步骤二：运行程序。选择"Run"→"Run Module"，或者按 F5 键，这时会开始运行程序。

步骤三：若程序没有错误，则会在 IDLE 主窗口中显示运行结果。

（五）调试程序 5

1. 实验内容。

使用 tkinter 库实现一个简单的初始界面，如图 1.23 所示。初始界面包括：一个标签，显示"欢迎开启 Python 编程之旅！"；三个设置颜色的单选按钮；两个设置字形的复选框。选中相应的选项，标签中的文字格式就会进行相应的改变。例如，选中"红色"和"斜体"，界面如图 1.24 所示。

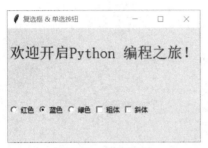

图 1.23　初始界面

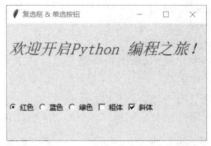

图 1.24　选中"红色"和"斜体"后的界面

2. 程序代码 prog6.py。

```python
def colorChecked():
    lbl.config(fg=color.get())
def typeChecked():
    if typeBold.get()==1 and typeItalic.get()==0:
        lbl.config(font=("宋体",20,"bold"))
    elif typeItalic.get()==1 and typeBold.get()==0:
        lbl.config(font=("宋体",20,"italic"))
    elif typeBold.get()==1 and typeBold.get()==1:
        lbl.config(font=("宋体",20,"bold","italic"))
    else:
        lbl.config(font=("宋体",20))
from tkinter import *
w=Tk()
w.geometry("350x200")
w.title("复选框 & 单选按钮")
lbl=Label(w,text='欢迎开启 Python 编程之旅！',height=3,\
          font=('宋体',20),fg='blue')
lbl.pack()
color=StringVar()
color.set('blue')
Radiobutton(w,text='红色',variable=color,value='red',\
            command=colorChecked).pack(side=LEFT)
Radiobutton(w,text='蓝色',variable=color,value='blue',\
            command=colorChecked).pack(side=LEFT)
Radiobutton(w,text='绿色',variable=color,value='green',\
            command=colorChecked).pack(side=LEFT)
typeBold=IntVar()
typeItalic=IntVar()
```

```
Checkbutton(w,text='粗体',variable=typeBold,\
            command=typeChecked).pack(side=LEFT)
Checkbutton(w,text='斜体',variable=typeItalic,\
            command=typeChecked).pack(side=LEFT)
w.mainloop()
```

3. 实验步骤。

步骤一：打开 IDLE 主窗口，新建文件，将其保存为 prog6.py，然后输入程序代码。

步骤二：运行程序。选择"Run"→"Run Module"，或者按 F5 键，这时会开始运行程序。

步骤三：若程序没有错误，则会显示初始窗口，如图 1.23 所示；选中"红色"和"斜体"后，界面如图 1.24 所示。

四、实验报告要求

1. 详细描述实验中各步骤的具体操作内容以及操作结果。

2. 总结在编辑、运行等环节中出现的问题及解决方法。

1.3　课后习题

一、选择题

1. 在 Python 中，不能作为变量名的是（　　）。

A. student　　　　　　　B. _bmg　　　　　　　C. 5sp　　　　　　　D. Teacher

2. 以下变量名中，符合 Python 变量命名规则的是（　　）。

A. 33_keyword　　　　　B. key@word33_　　　　C. nonlocal　　　　　D. _33keyword

3. 以下不属于 Python 保留字的是（　　）。

A. class　　　　　　　　B. pass　　　　　　　　C. sub　　　　　　　　D. def

4. 下面是 Python 的内置函数的是（　　）。

A. linspace(a,b,s)　　　B. eye(n)　　　　　　　C. bool(x)　　　　　　D. fabs(x)

5. 以下关于 Python 技术特点的描述中，错误的是（　　）。

A. 对于需要更高运行速度的功能，例如数值计算和动画，Python 可以调用 C 语言编写的底层代码

B. 比起大部分编程语言，Python 具有更高的软件开发产量和简洁性

C. Python 是解释型语言，因此运行速度比编译型语言慢

D. Python 是脚本语言，主要用于系统编程和 Web 访问的开发

6. 对变量的描述错误的是（　　）。

A. Python 不需要显式声明变量类型，在第一次为变量赋值时由值决定变量的类型

B. 变量通过变量名访问

C. 变量必须在创建和赋值后使用

D. 变量 PI 与变量 Pi 被看作相同的变量

7. 以下关于 Python 复数类型的描述中，错误的是（   ）。

A. 复数可以进行四则运算

B. 实数部分不可以为 0

C. 可以使用 z.real 和 z.imag 分别获取复数 z 的实数部分和虚数部分

D. 复数类型与数学中复数的概念一致

8. 以下选项中非数字的是（   ）。

A. 0a123   B. 0b101   C. 0o123   D. 0x123

9. print(type(12.00)) 的运行结果是（   ）。

A. <class 'complex'>   B. <class 'float'>

C. <class 'int'>   D. <class 'bool'>

10. 关于 Python 复数类型的描述中错误的是（   ）。

A. 实数部分和虚数部分都是浮点数

B. 虚数部分通过 "j" 或 "J" 表示

C. 对于复数 x，可以用 x.real 获得 x 的虚数部分

D. 虚数部分为 1 时，1 不能省略

11. 下列转义字符中能实现换行的是（   ）。

A. \b   B. \n   C. \r   D. \t

12. 下列函数中不能实现类型转换的是（   ）。

A. str()   B. type()   C. int()   D. float()

13. '1234'+1234 的计算结果是（   ）。

A. '1234'+1234   B. '12341234'

C. 2468   D. 提示类型错误，无法运行

14. 表达式 3**2*4//6%7 的计算结果是（   ）。

A. 3   B. 5   C. 4   D. 6

15. Python 语言提供三种基本的数值类型，它们是（   ）。

A. 整数类型、浮点数类型、复数类型

B. 整数类型、二进制类型、浮点数类型

C. 整数类型、二进制类型、布尔类型

D. 整数类型、二进制类型、复数类型

16. 在 Python 语言中，可以作为源文件后缀名的是（   ）。

A. png   B. pdf   C. py   D. ppt

17. 以下代码的输出结果是（   ）。

```python
print(0.1+0.2==0.3)
```

A. −1   B. True   C. False   D. 0

18. 以下关于 Python 字符编码的描述中，正确的是（   ）。

A. Python 字符编码使用 ASCII 编码存储

B. chr(x) 和 ord(x) 函数用于在单字符和 Unicode 编码之间进行转换

C. chr('a') 的值为 97

D. ord(65) 的值为 A

19. 以下关于 random 库的描述中错误的是（　　）。

A. random.seed()可初始化随机数种子，用于随机数序列再现

B. random.randint()可产生一个随机整数

C. 可以用 import random 方式导入 random 库

D. random.random()可以产生 0 到 1 之间的随机数

20. 以下关于浮点数 3.0 和整数 3 的描述中，正确的是（　　）。

A. 两者使用相同的硬件运行单元

B. 两者使用相同的计算机指令处理方法

C. 两者是相同的数据类型

D. 两者具有相同的值

21. 以下属于 Python 的导入语句的是（　　）。

A. class   B. return

C. import   D. print

22. 关于数据类型的描述错误的是（　　）。

A. 整数的书写格式支持十进制、二进制、八进制和十六进制

B. 如果想知道参数的数据类型，可以使用 type()函数

C. 整数、浮点数、复数和布尔值都是 Python 的基本数据类型

D. 浮点数是带有小数的数字，它存在范围限制，如果计算结果超出上限和下限不会报错，但会有警告

23. 下面这段代码的作用是（　　）。

```
>>>car='BWM'
>>>id(car)
```

A. 查看变量所占的位数   B. 转换成布尔值

C. 查看变量在内存中的地址   D. 将变量中的元素随机排列

24. 下列关于 Python 的描述中正确的是（　　）。

A. Python 的整数类型有长度限制，超过上限会产生溢出错误

B. 采用严格的"缩进"来表明程序格式，不可嵌套

C. 可以用八进制数表示整数

D. 浮点数没有长度限制，只受限于内存大小

25. 下列关于复数类型的描述中错误的是（　　）。

A. 复数由实数部分和虚数部分构成

B. 复数可以看作二元有序实数对(a，b)

C. 虚数部分必须有后缀 j，且为小写字母

D. 复数中的虚数部分不能单独存在，必须有实数部分

26. 下列语句的运行结果不可能是（　　）。

```
import random
print(random.uniform(1,3))
```

A. 2.764076933688729   B. 3.993002365820678

C. 2.56705776649215085   D. 1.807117374321477

27. 下面关于 Python 内置函数的说法中错误的是（　　）。

A. 内置函数是不需要导入而可以直接使用的函数

B. 求绝对值的函数 abs(x) 是 Python 的内置函数

C. range(a,b,s) 是 Python 的内置函数

D. 开平方函数 sqrt(x) 是 Python 的内置函数

28. 下面关于 Python 的描述中正确的是（　　）。

A. 代码缩进错误会导致逻辑错误

B. 跳跃结构是 Python 的流程结构之一

C. Python 支持的数据类型包括 char、int 和 float 等

D. 变量无须事先创建和赋值，可以直接使用

29. Python 不支持的数据类型是（　　）。

A. int   B. char

C. float   D. string

30. 以下关于二进制整数的定义，正确的是（　　）。

A. 0B1014   B. 0b1010

C. 0B1019   D. 0bC3F

二、填空题

1. 表达式 round(17.0/3**2,2) 的值为_____。

2. Python 是一种面向_____的程序设计语言；高级语言分为编译型语言和解释型语言，Python 属于_____。

3. 表达式 3+5%6*2//8 的值是_____。

4. 数学表达式 $\dfrac{-b+\sqrt{b^2-4ac}}{2a}$ 的 Python 表达式是_____。

5. 在 Python 中，有些特殊的标识符被用作特殊用途，程序员在命名标识符时不能与这些标识符同名，这类标识符叫_____。

6. _____函数可以用来查看变量的类型。

7. Python 程序文件的扩展名是_____。

8. 0x8F 对应的二进制数为_____，对应的十进制数为_____。

9. Python 的浮点数占_____个字节。

10. 已知一个三位的正整数 m，表示"m 的百位数字"的表达式是_____，表示"m 的十位数字"的表达式是_____，表示"m 的个位数字"的表达式是_____。

三、程序阅读题

1. 以下代码的运行结果是_____。

```
x=12+3*((5*8)-14)//6
print x
```

2. 以下代码的运行结果是_____。

```
a="100"
print(eval(a+"1+2"))
```

3. 以下代码的运行结果是＿＿＿＿＿＿＿＿。

```
print(float(complex(10+5j).imag))
```

4. 以下代码的运行结果是＿＿＿＿＿＿＿＿。

```
x=100
y=3
print(x//y)
```

5. 以下代码的运行结果是＿＿＿＿＿＿＿＿。

```
n = pow(3, pow(3, 3), 10000)
print(n)
```

6. 以下代码的运行结果是＿＿＿＿＿＿＿＿。

```
a=10.99
print(complex(a))
```

7. 以下代码的运行结果是＿＿＿＿＿＿＿＿。

```
x='A\0B\0C'
print(len(x))
```

8. 以下代码的运行结果是＿＿＿＿＿＿＿＿。

```
a=3.6e-1
b=4.2e3
print(b-a)
```

9. 以下代码的运行结果是＿＿＿＿＿＿＿＿。

```
a,b,c='I',chr(64), "you"
s=a+b+c
print(s)
```

10. 以下代码的运行结果是＿＿＿＿＿＿＿＿。

```
a=5.2
b=2.5
print(complex(a,b))
```

四、问答题

1. Python 语言有什么特点？

2. Python 语言有哪些数据类型？

第2章 基本数据类型及顺序结构程序设计

2.1 知识要点回顾

2.1.1 标识符、常量和变量

1. 变量

- 在程序运行过程中，值可以改变的量称为变量。
- 变量可以赋值，系统根据所赋的值自动确定其数据类型。
- Python 采用的是基于值的内存管理方式，Python 会为每个出现的值分配内存空间。当给变量赋值时，Python 解释器会给该值分配一个内存空间，而变量指向这个内存空间。当变量的值发生改变时，改变的并不是这个内存空间的内容，而是变量的指向关系，变量指向了另一个值。

2. 常量

在程序运行过程中，值不能改变的量称为常量，例如整数 100、浮点数 3.5、字符串"Hello World"。

3. 关键字与标识符

标识符用来表示常量、变量、函数和类型等程序要素。标识符的命名规则如下。

- 由字母、数字、下画线组成。
- 必须以字母或下画线开头。
- 不能与关键字同名，区分大小写字母。

Python 中的关键字如表 2.1 所示。

表 2.1　Python 中的关键字

and	as	assert	async	await	break
class	continue	def	del	elif	else
except	finally	for	from	False	global
if	import	in	is	lambda	nonlocal
not	None	or	pass	raise	return
try	True	while	with	yield	

2.1.2 基本数据类型

1. 数值类型

1）整型。在 Python 3.x 中，整型数据在计算机中可以是任意长度（只要内存许可）的，几乎能表示全部整数（无限大）。整型数据包括以下 4 种形式。

- 十进制整数，如 374 等。
- 二进制整数，以 0b 或 0B 开头，如 0b1111。
- 八进制整数，以 0o 或 0O 开头，如 0o127。
- 十六进制整数，以 0x 或 0X 开头，如 0xabc。

2）浮点型。在 Python 3.x 中，浮点型数据默认提供 17 位有效数字，包括以下 2 种形式。

- 十进制小数形式，如 3.23。
- 指数形式，如 9.32e2。

3）复数型。复数型数据由实数部分和虚数部分构成，可以用 a+bJ（或 a+bj）表示，如 12+34J。

4）布尔类型。布尔类型也叫逻辑类型，分别用 True 和 False 表示"真"和"假"。布尔值可以转换成数值，True 的值为 1，False 的值为 0。

2. 字符串类型

- 它是连续的字符序列，一般使用单引号、双引号或三引号进行界定。单引号和双引号中的字符序列必须在同一行中，而三引号内的字符序列可以分布在连续的多行中。
- 字符串是不可变序列类型。
- Python 支持转义字符，即使用反斜杠"\"对一些特殊字符进行转义。常用的转义字符如表 2.2 所示。

表 2.2 常用的转义字符

转义字符	含义	转义字符	含义
\"	双引号	\n	换行符
\'	单引号	\t	制表符
\\	反斜杠	\b	退格
\a	响铃	\r	回车符
\ddd	1～3 位八进制数表示的 ASCII 编码所代表的字符	\xhh	1～2 位十六进制数表示的 ASCII 编码所代表的字符

2.1.3 复合数据类型

能够表示多个数据的类型称为复合数据类型，分为 3 大类：序列类型、映射类型（字典）和集合类型。

1）列表。有序、可变的序列。列表的所有元素都放在一对中括号中，并用逗号分隔，元素的数据类型可以不相同，可以是整数、字符串，甚至是列表、元组、字典、集合以及其他自定义类型。

2）元组。有序、不可变的序列。元组中的元素放在一对圆括号中，用逗号分隔。它与列表类似，不同之处在于元组的元素不能修改，相当于只读列表。

3）字典。用花括号括起来的、用逗号分隔的元素集合，元素由键和值组成，形式为"键:值"。通过键来存取字典中的元素。键必须是不可变类型，键不能重复。字典类型是 Python 中唯一的映射类型。字典中的元素是无序的、可变的。

4）集合。包含 0 个或多个数据元素的无序且不重复数据类型，基本功能是进行成员关系测试和消除重复元素。可以用花括号或 set() 函数创建集合。

2.1.4　数值类型的运算

1. 算术运算符

算术运算符如表 2.3 所示。

表 2.3　算术运算符

算术运算符	说明	举例
x+y	x 与 y 之和	2+3（结果是 5）
		2+3.0（结果是 5.0）
x−y	x 与 y 之差	2−3（结果是−1）
x*y	x 与 y 之积	2*3（结果是 6）
x/y	x 与 y 之商（商是浮点数）	5/2（结果是 2.5）
		4/2（结果是 2.0）
x//y	x 与 y 之整数商，即不大于 x 与 y 之商的最大整数	5//2（结果是 2）
		−5//2（结果是−3）
		5//2.0（结果是 2.0）
x%y	x 与 y 之商的余数，也称为模运算	10%4（结果是 2）
		5%3.0（结果是 2.0）
x**y	x 的 y 次幂	5**2（结果是 25）
		25**0.5（结果是 5.0）

乘方运算的优先级高于乘除运算，乘除运算的优先级高于加减运算。

书写 Python 表达式时应遵循以下规则。

· 表达式中的所有字符必须写在同一行中。注意 Python 表达式和数学表达式的区别，特别是分数、乘方、带有下标的变量等。例如 $c=a^2+b^2$ 应写成 c=a**2+b**2。

· 根据运算符的优先级合理地加括号，以保证运算顺序的正确性。

2. 数值运算函数

内置的数值运算函数如表 2.4 所示。

表 2.4　内置的数值运算函数

函数	说明
abs(x)	返回数字 x 的绝对值或复数 x 的模
divmod(x,y)	返回包含商和余数的元组，即(x//y,x%y)
max($x_1,x_2,…,x_n$)	返回 $x_1,x_2,…,x_n$ 中的最大值，n 没有限制

续表

函数	说明
min($x_1,x_2,\ldots,x_n$)	返回 $x_1,x_2,\ldots,x_n$ 中的最小值，n 没有限制
pow(x,y[,z])	返回(x**y%z)；[]表示该参数可省略，pow(x,y)返回 x 的 y 次幂
round(x[,n])	对 x 四舍五入，保留 n 位小数；n 默认为 0，即返回 x 四舍五入后的整数

3. 数值类型转换函数

内置的数值类型转换函数如表 2.5 所示。

表 2.5　内置的数值类型转换函数

函数	说明
bin(x)	将整数 x 转换为二进制字符串
oct(x)	将整数 x 转换为八进制字符串
hex(x)	将整数 x 转换为十六进制字符串
int(x)	若 x 是浮点数，返回其整数部分（注意不是四舍五入）； 若 x 是字符串（必须是整数字符串，否则会报错），返回对应的整数
float(x)	若 x 是整数，返回浮点数 x； 若 x 是字符串（必须是数字字符串），返回对应的浮点数
complex(re[,im])	生成一个复数，re 为实部，im 为虚部（默认为 0）

2.1.5　常用的系统函数

在调用系统函数前，要使用 import 语句导入相应的模块，格式如下。

格式 1：import 模块名
格式 2：from 模块名 import 函数名（from 模块名 import *）

常用的模块有 math、random、time 等，常用的函数如表 2.6～表 2.8 所示。

表 2.6　math 模块的常用函数

函数	作用	函数	作用
fabs(x)	返回 x 的绝对值	sqrt(x)	返回 x 的平方根
pow(x,y)	返回 x 的 y 次幂	exp(x)	返回 e 的 x 次幂
log(x,[base])	返回 x 的自然对数	log10(x)	返回以 10 为底的 x 的对数
ceil(x)	对 x 向上取整	foor(x)	对 x 向下取整
fmod(x,y)	返回 x/y 的余数	degree(x)	将弧度转换为角度
radian(x)	将角度转换成弧度	sin(x)	返回 x 的正弦值
cos(x)	返回 x 的余弦值	tan(x)	返回 x 的正切值
asin(x)	返回 x 的反正弦值	acos(x)	返回 x 的反余弦值
atan(x)	返回 x 的反正切值		

表 2.7　random 模块的常用函数

函数	作用	函数	作用
seed(x)	设置随机数生成器的种子	choice(seq)	从序列中随机挑选一个元素
sample(seq,k)	从序列中随机挑选 k 个元素	shuffle(seq)	将序列的所有元素随机排序
random()	随机生成一个[0,1)范围内的实数	uniform(a,b)	随机生成一个[a,b]范围内的实数
randrange(a,b,c)	随机生成一个[a,b]范围内以 c 递增的实数	randint(a,b)	随机生成一个[a,b]范围内的整数

表 2.8　time 模块的常用函数

函数	作用	函数	作用
time()	返回当前的时间戳	localtime([secs])	将一个时间戳转换为当前时区的结构化时间
asctime([tupletime])	接收一个时间元组，并返回一个日期时间字符串	ctime([secs])	返回一个日期时间字符串
strftime	按指定的日期格式返回当前日期		

2.1.6　Python 代码的编写规范

1. 缩进规则

Python 和其他编程语言不一样的地方在于，Python 采用代码缩进和冒号来区分代码之间的层次。缩进可以使用空格或 Tab 键来实现。缩进的宽度不受限制，一般为四个空格或一个制表符。就一个语句块来讲，缩进量需要保持一致。

2. 语句书写规则

- 从解释器提示符后开始，中间不能有空格，以回车符结束。
- 可以在同一行中写多条语句，语句之间用分号隔开。
- 同一条语句太长，可以使用反斜杠将一条语句分为多行。

3. 注释语句

- 单行注释用"#"开头，可以从任意位置开始。
- 多行注释可以用多个"#"开头，也可采用三引号。

2.1.7　赋值语句、数据输入和输出

1. 赋值语句

- 赋值语句的一般格式是：变量=表达式。
- Python 中的赋值并不是直接将值赋给一个变量，而是将该对象的引用赋给变量。
- 链式赋值格式：变量 1=变量 2=…=变量 n=表达式。
- 同步赋值格式：变量 1,变量 2,…,变量 n=表达式 1,表达式 2,…,表达式 n。

2. 数据输入

Python 用内置函数 input() 实现标准输入，其格式为 input([提示字符串])。

- input() 函数从键盘上读取一行数据，并返回一个字符串。
- 若要输入一个数值，可使用 eval() 函数或类型转换函数转换为数值。
- 使用 input() 函数可以给多个变量赋值，例如 x,y=eval(input())。

3. 数据输出

1）标准输出

标准输出有两种方式：使用表达式和使用 print() 函数，print() 函数的格式如下。

```
print([输出项 1,输出项 2,...,输出项 n][,sep=分隔符][,end=结束符])
```

2）格式化输出

- 字符串格式化运算符%。

```
格式字符串%(输出项 1,输出项 2,...,输出项 n)
print("a=%d,b=%f"%(10,3.14))
```

- format() 内置函数。

```
format(输出项[,格式字符串])
print(format(3.14, '6.2f'))
```

- 字符串的 format() 方法。

```
格式字符串.format(输出项 1,输出项 2,...,输出项 n)
print('{0}{1:.2f}'.format(10,3.14))
```

2.2 实训内容

实验一 验证性实验

一、实验目的

1. 掌握 Python 的基本数据类型。
2. 掌握 Python 的算术运算规则及表达式的书写方法。

二、实验设备和仪器

1. 计算机。
2. Windows 10 操作系统。
3. IDLE 集成开发环境。

三、实验内容与步骤

（一）调试程序 1

1. 实验内容。

写出以下语句的输出结果，并在 IDLE 中验证。

```
a=0b10010
print(a)                    #输出结果是_____
b=0o22
print(b)                    #输出结果是_____
c=0x12
print(c)                    #输出结果是_____
d=3.2+1.1j
print(d.real)               #输出结果是_____
print(d.imag)               #输出结果是_____
print(0.1+0.2==0.3)         #输出结果是_____
```

2. 实验步骤。

方式一：在 IDLE 交互式环境中验证。打开 IDLE。在命令提示符 ">>>" 后依次输入如图 2.1 所示的命令（输完一条命令，按一下回车键），查看输出结果。

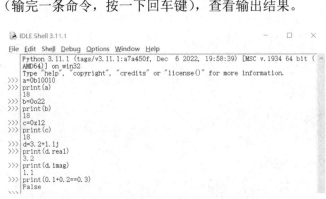

图 2.1   在 IDLE 交互式环境中验证

方式二：在 IDLE 中编写程序验证。步骤一：在 D 盘的根目录中创建一个以学号命名的文件夹，例如 D:\201310001。步骤二：打开 IDLE。依次单击 "File" → "New File"，新建一个 Python 文件并保存为 prog1.py，输入程序代码。步骤三：依次单击 "Run" → "Run Module"，或者按 F5 键，在 IDLE Shell 中查看输出结果，如图 2.2 所示。

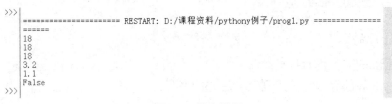

图 2.2   输出结果

（二）调试程序 2

1. 实验内容。

写出以下语句的输出结果，并在 IDLE 中验证。

```
hello='你好 Python'
print(len(hello))           #输出结果是_____
print(hello[2])             #输出结果是_____
print(hello[1:4])           #输出结果是_____
print("你好\tPython")        #输出结果是_____
```

```
print("你好\nPython")            #输出结果是_____
print('C:\tmp\network')         #输出结果是_____
print('C:\\tmp\\network')       #输出结果是_____
print(r'C:\\tmp\\network')      #输出结果是_____
x=2;y=3;z=4
print(x,y,z,sep=',')            #输出结果是_____
print(x,end='')                 #输出结果是_____
print(y)
```

2. 实验步骤。

方式一：在 IDLE 交互式环境中验证。打开 IDLE。在命令提示符"＞＞＞"后依次输入如图 2.3 所示的命令（输完一条命令，按一下回车键），查看输出结果。

```
>>> hello='你好Python'
>>> print(len(hello))
8
>>> print(hello[2])
P
>>> print(hello[1:4])
好Py
>>> print("你好\tPython")
你好    Python
>>> print("你好\nPython")
你好
Python
>>> print('C:\tmp\network')
C:      mp
etwork
>>> print(r'C:\\tmp\\network')
C:\\tmp\\network
>>> x=2;y=3;z=4
>>> print(x, y, z, sep=',')
2, 3, 4
>>> print(x, end='');print(y)
23
```

图 2.3　在 IDLE 交互式环境中验证

方式二：在 IDLE 中编写程序验证。步骤一：打开 IDLE。依次单击"File"→"New File"，新建一个 Python 文件并保存为 prog2.py，并输入程序代码。步骤二：依次单击"Run"→"Run Module"，或者按 F5 键，在 IDLE Shell 中查看输出结果，如图 2.4 所示。

（三）调试程序 3

1. 实验内容。

已知 $x=12$，$y=10^{-5}$，先写出下列表达式对应的 Python 表达式，再求这些表达式的值。

（1）$1+\dfrac{x}{3!}-\dfrac{y}{5!}$：_____

（2）$\dfrac{2\ln|x-y|}{\mathrm{e}^{x+y}-\tan y}$：_____

（3）$\dfrac{\sin x+\cos y}{x^{2}+y^{2}}+\dfrac{x^{y}}{xy}$：_____

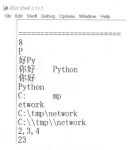

图 2.4　输出结果

2. 实验步骤。

方式一：在 IDLE 交互式环境中验证。打开 IDLE。在命令提示符"＞＞＞"后依次输入如图 2.5 所示的命令（输完一条命令，按一下回车键），查看输出结果。

```
IDLE Shell 3.11.1
File  Edit  Shell  Debug  Options  Window  Help
Python 3.11.1 (tags/v3.11.1:a7a450f, Dec  6 2022, 19:58:39) [MSC v.1934 64 bit (
AMD64)] on win32
Type "help", "copyright", "credits" or "license()" for more information.
>>> x=12;y=1e-5
>>> import math
>>> 1+x/math.factorial(3)-y/math.factorial(5)
2.999999916666667
>>> 2*math.log(abs(x-y))/(math.exp(x+y)-math.tan(y*math.pi/180))
3.0535272674410745e-05
>>> (math.sin(x*math.pi/18)+math.cos(y*math.pi/18))/(x*x+y*y)+pow(x,y)/(x*y)
8333.553369970068
>>>
```

图 2.5　在 IDLE 交互式环境中验证

方式二：在 IDLE 中编写程序验证。步骤一：打开 IDLE。依次单击“File”→“New File”，新建一个 Python 文件并保存为 prog3.py，并输入如图 2.6 所示的程序代码。

```
prog3.py - D:/课程资料/pythony例子/prog3.py (3.11.1)
File  Edit  Format  Run  Options  Window  Help
import math
x=12
y=1e-5
a=1+x/math.factorial(3)-y/math.factorial(5)
b=2*math.log(abs(x-y))/(math.exp(x+y)-math.tan(y*math.pi/180))
c=(math.sin(x*math.pi/18)+math.cos(y*math.pi/18))/(x*x+y*y)+pow(x,y)/(x*y)
print("表达式1={}".format(a))
print("表达式2=",b)
print("表达式3={}".format(c))
```

图 2.6　程序代码

步骤二：依次单击“Run”→“Run Module”，或者按 F5 键，在 IDLE Shell 中查看输出结果，如图 2.7 所示。

```
====================== RESTART: D:/课程资料/pythony例子/prog3.py ===============
======
表达式1=2.999999916666667
表达式2= 3.0535272674410745e-05
表达式3=8333.553369970068
>>>
```

图 2.7　输出结果

（四）调试程序 4

1. 实验内容。

已知 a=10，写出以下语句的输出结果，并在 IDLE 中验证。

```
import random
print(random.random())                                    #输出结果是__________
print(random.uniform(1.2,7.8))                            #输出结果是__________
print(random.randint(-20,70))                             #输出结果是__________
print(round(-2.5),round(-3.5),round(1.5),round(2.5))      #输出结果是__________
a=10
a+=a
print('a 的值是{}'.format( a))                             #输出结果是__________
a=10
a,a=5,2*a
```

```
print(format(a, '*^10'))                    #输出结果是_____
a=10
a*=1<<1
print('a 的值=%d'%(a))                       #输出结果是_____
a=10;x=5
x+=a;a+=x
print('a 的值是{1},x 的值是{0}'.format(x,a))   #输出结果是_____
```

2. 实验步骤。

方式一：在 IDLE 交互式环境中验证。打开 IDLE。在命令提示符"＞＞＞"后依次输入如图 2.8 所示的命令（输完一条命令，按一下回车键），查看输出结果。

```
>>> import random
>>> print(random.random())
    0.46210433615436664
>>> print(random.uniform(1.2,7.8))
    3.5584709240329886
>>> print(random.randint(-20,70))
    29
>>> print(round(-2.5),round(-3.5),round(1.5),round(2.5))
    -2 -4 2 2
>>> a=10
>>> a+=a
>>> print('a的值是{}'.format(a))
    a的值是20
>>> a=10
>>> a, a=5, 2*a
>>> print(format(a,'*^10'))
    ****20****
>>> a=10
>>> a*=1<<1
>>> print('a的值=%d'% a)
    a的值=20
>>> a=10;x=5
>>> x+=a;a+=x
>>> print('a的值是{1},x的值是{0}'.format(x,a))
    a的值是25,x的值是15
```

图 2.8 在 IDLE 交互式环境中验证

方式二：在 IDLE 中编写程序验证。步骤一：打开 IDLE。依次单击"File"→"New File"，新建一个 Python 文件并保存为 prog4.py，并输入如图 2.9 所示的程序代码。

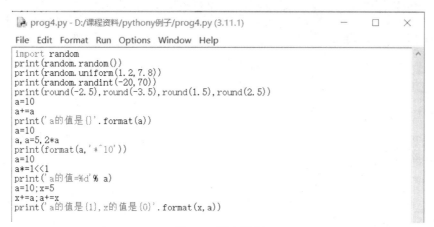

```
prog4.py - D:/课程资料/pythony例子/prog4.py (3.11.1)          —    □    ×
File  Edit  Format  Run  Options  Window  Help
import random
print(random.random())
print(random.uniform(1.2,7.8))
print(random.randint(-20,70))
print(round(-2.5),round(-3.5),round(1.5),round(2.5))
a=10
a+=a
print('a的值是{}'.format(a))
a=10
a, a=5, 2*a
print(format(a,'*^10'))
a=10
a*=1<<1
print('a的值=%d'% a)
a=10;x=5
x+=a;a+=x
print('a的值是{1},x的值是{0}'.format(x,a))
```

图 2.9 程序代码

步骤二：依次单击"Run"→"Run Module"，或者按 F5 键，在 IDLE Shell 中查看输出结果，如图 2.10 所示。

```
===================== RESTART: D:/课程资料/pythony例子/prog4.py =====================
======
0.20518803950145537
4.944856761083088
23
-2 -4 2 2
a的值是20
****20****
a的值=20
a的值是25,x的值是15
>>>
```

图 2.10　输出结果

（五）调试程序 5

1. 实验内容。

依次输入数据"abc"、8、8，写出以下语句的输出结果，并在 IDLE 中验证。

```
x=input("请输入：")
print(type(x))                    #输出结果是_____
x=input("请输入：")
print(type(x))                    #输出结果是_____
x=eval(input("请输入："))
print(type(x))                    #输出结果是_____
```

2. 实验步骤。

方式一：在 IDLE 交互式环境中验证。打开 IDLE。在命令提示符"＞＞＞"后依次输入如图 2.11 所示的命令（输完一条命令，按一下回车键），并查看输出结果。

方式二：在 IDLE 中编写程序验证。步骤一：打开 IDLE。依次单击"File"→"New File"，新建一个 Python 文件并保存为 prog5.py，输入如图 2.12 所示的程序代码。

```
>>> x=input("请输入：")
请输入：abc
>>> print(type(x))
<class 'str'>
>>> x=input("请输入：")
请输入：8
>>> print(type(x))
<class 'str'>
>>> x=eval(input("请输入："))
请输入：8
>>> print(type(x))
<class 'int'>
>>>
```

图 2.11　在 IDLE 交互式环境中验证

```
prog5.py - C:/Users/xqzen/AppData/Local/Programs/Python/Python311/prog5.py (3.11.1)
File  Edit  Format  Run  Options  Window  Help
x=input("请输入：")
print(type(x))
x=input("请输入：")
print(type(x))
x=eval(input("请输入："))
print(type(x))
```

图 2.12　程序代码

步骤二：依次单击"Run"→"Run Module"，或者按 F5 键，在 IDLE Shell 中查看输出结果，如图 2.13 所示。

四、实验报告要求

1. 写出程序 1 的实验原理与程序输出结果。
2. 写出程序 2 的实验原理与程序输出结果。
3. 写出程序 3 的实验原理与程序输出结果。

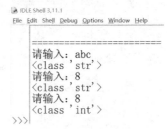

```
IDLE Shell 3.11.1
File  Edit  Shell  Debug  Options  Window  Help
====================
请输入：abc
<class 'str'>
请输入：8
<class 'str'>
请输入：8
<class 'int'>
>>>
```

图 2.13　输出结果

实验二　启发性实验 1

一、实验目的

1. 掌握 Python 的基本数据类型。

2. 掌握 Python 的算术运算规则及表达式的书写方法。

3. 掌握 Python 程序的书写规则。

4. 掌握输入/输出语句的基本格式及运行规则。

5. 掌握顺序结构程序的设计方法。

二、实验设备和仪器

1. 计算机。

2. Windows 10 操作系统。

3. IDLE 集成开发环境。

三、实验内容与步骤

1. 填空题 1。有以下程序，请在横线处填写代码，不修改其他代码，实现以下功能。

输入一个三位正整数，输出它的个位、十位、百位数字。例如，输入整数 123，输出"个位=3，十位=2，百位=1"。

程序代码如下。

```
#请在_____处填写一行代码或表达式
#注意不要修改其他代码
x=eval(input('请输入一个三位的正整数:'))
gw=_____1_____              #取 x 个位上的数字
sw=_____2_____              #取 x 十位上的数字
bw=_____3_____              #取 x 百位上的数字
print('个位=%d,十位=%d,百位=%d'%(gw,sw,bw))
```

2. 填空题 2。有以下程序，请在横线处填写代码，不修改其他代码，实现以下功能。

输入字符串 s，按要求输出。格式要求为：宽度为 30 个字符，用"*"填充空位，居中对齐。如果输入的字符串超出 30 位，则全部输出。例如，输入字符串"Congratulations"，输出"*******Congratulations********"。

程序代码如下。

```
#请在_____处填写一行代码或表达式
#注意不要修改其他代码
s=input('请输入一个字符串：')
print("_____".format(s))
```

3. 编程题 1。编写程序实现以下功能。

输入直角三角形的斜边和一条直角边的长度，计算并输出另一条直角边的长度，运行结果示例如图 2.14 所示。

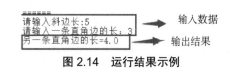

图 2.14　运行结果示例

程序代码如下。

```
#...处用一行或多行代码替换
#注意：提示框架的代码可以任意修改，以完成程序功能为准
import math
c=eval(input('请输入斜边长:'))
```

```
...
...
print('另一条直角边的长={}'.format(b))
```

4. 编程题 2。编写程序实现以下功能。

输入平面上两个点的坐标 (x_1, y_1) 和 (x_2, y_2)，根据以下公式计算并输出两点之间的距离，结果保留 2 位小数。

$$P = \sqrt{(x_1 - x_2)^2 + (y_1 - y_2)^2}$$

运行结果示例如图 2.15 所示。

请输入点A的横坐标和纵坐标，用逗号隔开：15, −189
请输入点B的横坐标和纵坐标，用逗号隔开：22, 176
AB两点间距离为365.07 ← 输出结果　　　　　　　 ← 输入数据

图 2.15　运行结果示例

程序代码如下。

```
#...处用一行或多行代码替换
#注意：提示框架的代码可以任意修改，以完成程序功能为准
import math
x1,y1=eval(input('请输入点 A 的横坐标和纵坐标，用逗号隔开：'))
x2,y2=eval(input('请输入点 B 的横坐标和纵坐标，用逗号隔开：'))
...
...
```

实验三　启发性实验 2

一、实验目的

1. 掌握 Python 的基本数据类型。
2. 掌握 Python 的算术运算规则及表达式的书写方法。
3. 掌握 Python 程序的书写规则。
4. 掌握输入/输出语句的基本格式及运行规则。
5. 掌握顺序结构程序的设计方法。

二、实验设备和仪器

1. 计算机。
2. Windows 10 操作系统。
3. IDLE 集成开发环境。

三、实验内容

1. 填空题 1。请在横线处补充代码，不修改其他代码，实现以下功能。

输入一个整数，分别输出对应的二进制数、八进制数、十六进制数，示例格式如下。

```
用键盘输入：12
屏幕输出：二进制表示为 0b1100，八进制表示为 0o14，十六进制表示为 0xc
```

程序代码如下。

```
#请在_____处用一行代码或表达式替换
#注意不要修改其他代码
dec=int(input())
print("二进制表示为{}，八进制表示为{}，十六进制表示为{}"\
        .format(__1____,___2___,___3_____))
```

2. 填空题 2。请在横线处补充代码，不修改其他代码，实现以下功能。

使用 time 库，把系统的当前时间以"2025-02-04 19:36:03"的格式输出。

程序代码如下。

```
#请在_____处用一行代码或表达式替换
#注意不要修改其他代码
import time
t=___1_____
print(time.___2__("___3___",t))
```

3. 编程题 1。编写程序解决以下问题。

武汉和重庆相距约 1275km，一艘游轮在武汉和重庆间往来，输入游轮的船速和长江的水速，问从武汉到重庆比从重庆到武汉花费的时间多多少？

示例格式如下。

```
请输入船速：25
请输入水速：4
从武汉到重庆比从重庆到武汉多花 16.75 小时！
```

程序代码如下。

```
#...处用一行或多行代码替换
#注意：提示框架的代码可以任意修改，以完成程序功能为准
speed_ship=float(input('输入船速:'))
speed_water=float(input('请输入水速:'))
...
...
```

4. 编程题 2。编写程序解决以下问题。

统计班级中喜欢足球运动和篮球运动的人数，得到的统计表显示喜欢足球运动的有 m 人，喜欢篮球运动的有 n 人，两种球类运动都喜欢和都不喜欢的分别有 x 人和 y 人，问全班有多少人（其中 m、n、x、y 均为输入数据）？

示例格式如下。

```
请输入喜欢篮球运动的人数：25
请输入喜欢足球运动的人数：20
请输入两种球类运动都喜欢的人数：5
请输入两种球类运动都不喜欢的人数：8
全班同学的人数为 48 人
```

程序代码如下。

```
#请在...处用一行或多行代码替换
#注意：提示框架的代码可以任意修改，以完成程序功能为准
m=int(input('请输入喜欢篮球运动的人数：'))
n=int(input('请输入喜欢足球运动的人数：'))
...
...
```

实验四　设计性实验

一、实验目的

1. 掌握 Python 的基本数据类型。
2. 掌握 Python 的算术运算规则及表达式的书写方法。
3. 掌握 Python 程序的书写规则。
4. 掌握输入/输出语句的基本格式及运行规则。
5. 掌握顺序结构程序的设计方法。

二、实验设备和仪器

1. 计算机。
2. Windows 10 操作系统。
3. IDLE 集成开发环境。

三、实验内容

1. 程序设计 1。请按以下描述编写程序。

"积跬步以至千里，积怠惰以至深渊"。按照一年 365 天进行计算，假设第一天的知识储备量为 1.0，在每天进行学习积累的情况下，知识储备量比前一天增加 1%；每天放任怠惰则会遗忘知识，知识储备量比前一天下降 1%。分别计算 365 天都进行学习积累与放任怠惰后的知识储备量。

根据题目可知，进行 1 天的学习积累后，知识储备量会增加为 $(1+0.01)$；进行 2 天的学习积累后，知识储备量会增加为 $(1+0.01) \times (1+0.01)$，即 $(1+0.01)^2$；因此进行 365 天的学习积累后，知识储备量会增加为 $(1+0.01)^{365}$。同理，365 天都放任怠惰后，知识储备量会减少为 $(1-0.01)^{365}$。进行幂计算可以用运算符"**"，也可以用内置函数 pow(x,y) 或 math 模块中的 pow(x,y) 进行计算。

2. 程序设计 2。请按以下描述编写程序。

如果没有持之以恒地学习，就有可能出现"三天打鱼，两天晒网"的情况。按照一年 365 天计算，假设第一天的知识储备量为 1.0，请计算在"三天打鱼，两天晒网"的情况下，一年后的知识储备量。

在"三天打鱼，两天晒网"的情况下，每五天中的前三天进步，后两天退步，因此五天后知识储备量变为 $(1+0.01)^3 \times (1-0.01)^2$，记为 w。365 天中共有 365/5 个 5 天，一年后的知识储备量为 $w \times (365/5)$。

2.3　课后习题

一、选择题

1. 以下关于 Python 缩进的描述中，错误的是（　　）。

A. 缩进表达了所属关系和代码块的所属范围

B. 缩进可以是嵌套的，从而形成多层缩进

C. 判断、循环、函数等都能通过缩进包含一批代码

D. Python 用严格的缩进表示程序的格式框架，所有代码都需要在行前至少加一个空格

2. 以下关于 Python 程序格式框架的描述中错误的是（　　）。

A. 可以用按 Tab 键的方式缩进

B. 单层缩进代码属于之前最邻近的一行非缩进代码，多层缩进代码根据缩进关系决定所属范围

C. 分支结构、循环结构、函数等语法形式能够通过缩进包含一批 Python 代码，进而表达对应的语义

D. Python 不采用严格的"缩进"来表明程序的格式

3. 以下关于语言类型的描述中正确的是（　　）。

A. 静态语言采用解释方式运行，脚本语言采用编译方式运行

B. C 语言是静态语言，Python 是脚本语言

C. 编译是将目标代码转换成源代码的过程

D. 解释是指将源代码一次性转换成目标代码，同时逐条运行目标代码

4. 以下关于程序设计语言的描述中错误的是（　　）。

A. Python 解释器把 Python 代码一次性翻译成目标代码，然后运行

B. 机器语言直接用二进制代码表达指令

C. Python 是一种通用编程语言

D. 汇编语言是低级语言

5. Python 是（　　）。

A. 机器语言　　　　　　　　　　　B. 汇编语言

C. 编译型语言　　　　　　　　　　D. 解释型语言

6. Python 中用来表示代码块所属关系的是（　　）。

A. 花括号　　　　　　　　　　　　B. 括号

C. 缩进　　　　　　　　　　　　　D. 冒号

7. 要在屏幕上输出"Hello world"，使用的 Python 语句是（　　）。

A. printf('Hello World')　　　　　　B. print(Hello world)

C. print('Hello world')　　　　　　D. printf("Hello world")

8. 以下赋值语句中合法的是（　　）。

A. x=1,y=2　　　　　　　　　　　B. x=y=2

C. x=1 y=2　　　　　　　　　　　D. x=1：y=2

9. 以下关于 Python 程序注释的描述中错误的是（　　　）。

A. 单行注释可以"#"开头

B. 单行注释可以单引号开头

C. 多行注释必须在每行用"#"开头

D. Python 有两种注释方式：单行注释和多行注释

10. 在 Python 中，IPO 模式不包括（　　　）。

A. Program（程序）　　　　　　　　　　　B. Input（输入）

C. Process（处理）　　　　　　　　　　　D. Output（输出）

11. 下列关于 Python 程序格式的描述中，错误的是（　　　）。

A. 缩进表达了所属关系和代码块的所属范围

B. 注释可以在一行中的任意位置开始，这一行都会作为注释

C. 进行赋值操作时，在运算符两边各加上一个空格可以使代码更清晰明了

D. 文档注释的开始和结尾使用三重单引号或三重双引号

12. 下列哪个语句在 Python 中是非法的？（　　　）。

A. x=y=z=1　　　　　　　　　　　　　　B. x=(y=z+1)

C. x,y=y,x　　　　　　　　　　　　　　D. x+=y

13. 以下可以替代"#"当作注释的语法元素是（　　　）。

A. 字符串类型　　　　　　　　　　　　　B. print()函数

C. input()函数　　　　　　　　　　　　　D. eval()函数

14. 以下关于同步赋值语句的描述中错误的是（　　　）。

A. 同步赋值能使赋值过程更简洁

B. 判断多个单一赋值语句是否相关的方法是看其功能是否相关或相同

C. 设(x、y)表示一个点的坐标，则 x=a;y=b 可以用 x,y=a,b 来代替

D. 多个无关的单一赋值语句组合成同步赋值语句，可以提高程序的可读性

15. 如果 p=ord('a')，则表达式 print(p,chr((p+3)%26+ord('a')))的结果是（　　　）。

A. 97　　d　　　　　　　　　　　　　　B. 97　　c

C. 97　　x　　　　　　　　　　　　　　D. 97　　w

16. 下列关于 Python 运算符的描述中正确的是（　　　）。

A. a=!b 用于比较 a 与 b 是否不相等　　　　B. a=+b 等同于 a=a+b

C. a==b 用于比较 a 与 b 是否相等　　　　　D. a//=b 等同于 a=a/b

17. 以下程序的输出结果是（　　　）。

```
astr='0\n'
bstr='A\ta\n'
print("{}{}".format(astr,bstr))
```

A. 0　　　　　　　B. 0　　　　　　　C. A　　a　　　　D. 0
　a　　a　　　　　　　A　　A　　　　　　　　　　　　　　　A　　a

18. input()函数的功能是（　　　）。

A. 输出文本信息　　　　　　　　　　　　B. 获取用户的输入数据

C. 进行数据类型转换　　　　　　　　　　D. 查看数据类型

19. 函数 input("please input:")括号中的字符串的作用是（　　　）。

A. 输出字符串　　　　　　　　　　　　B. 提示信息

C. 无明显作用，可以省略　　　　　　　D. 查看数据类型

20. 在键盘上输入 2 和 3，以下哪条 Python 语句的输出结果是 5？（　　　）

A. print(int(input())+int(input()))　　　　B. print(int(input())+input())

C. print(eval(input()+ input()))　　　　　D. print(input()+input())

21. 运行 x=input( )时，若输入 123.5，那么 x 的类型是（　　　）。

A. 整数　　　　　　　B. 字符串　　　　　　C. 浮点数　　　　　D. 以上都错误

22. 运行 x=input()时，如果输入 12 并按回车键，则 x 的值是（　　　）。

A. '12'　　　　　　　B. 12　　　　　　　　C. （12）　　　　　　D. 12.0

23. 以下 Python 代码中不正确的是（　　　）。

A. #Python 注释代码　　　　　　　　　B. #Python 注释代码 1#Python 注释代码 2

C. """Python 文档注释"""　　　　　　　D. //Python 注释代码

24. 输入 2 和 3.5，输出 5.5，正确的程序是（　　　）。

A. x=eval(input())　　　　　　　　　　B. x=input()

　　y=eval(input())　　　　　　　　　　　y=input()

　　print(x+y)　　　　　　　　　　　　　print(eval(x+y))

C. x=input()　　　　　　　　　　　　　D. x=input()

　　y=input()　　　　　　　　　　　　　　y=input()

　　print(float(x+y))　　　　　　　　　　print(int(x+y))

25. 关于基本输入/输出函数的描述中错误的是（　　　）。

A. print()函数的参数可以是一个函数，运行结果是函数的返回值

B. eval()函数的参数是"3*4"时，返回的值是整数"12"

C. 当用户输入一个整数"6"时，input()函数返回的也是整数"6"

D. 当 print()函数输出多个变量时，可以用逗号分隔多个变量名

26. 可以在一行内输出信息的是（　　　）。

A. print("one")　　　　　　　　　　　　B. print("one",sep="")

　　print("two")　　　　　　　　　　　　　print("two")

C. print("one",end="")　　　　　　　　　D. print("one\ntwo")

　　print("two")

27. 利用 print()函数格式化输出时，能保留小数点后三位的是（　　　）。

A. {:.3}　　　　　　　　　　　　　　　B. {.3f}

C. {:.3f}　　　　　　　　　　　　　　　D. {.3}

28. 假设变量 a 是一个浮点数，要按照"a=xxx.xx"的格式（保留小数点后两位）输出变量 a，以下写法中正确的是（　　　）。

A. print("a=35.45")　　　　　　　　　　B. print("{.2f}".format(a))

C. print("a={:.2f}".format(a))　　　　　D. print("a={}".format(a))

29. 已知字符'A'的 ASCII 编码是 65，字符变量 c1 的值是'A'，c2 的值是'D'，运行语句 print("%d,%d"%(c1,ord(c2)-2))后，输出结果是（　　　）。

A. A,B　　　　　　　B. 65,66　　　　　　C. 65,B　　　　　D. A,66

30. 以下语句不正确的是（　　　）。

A. print(1+2+3)　　　　　　　　　　　B. print('1'+'2'+'3')

C. print('1','2',3)　　　　　　　　　　D. print('1'+'2'+3)

二、填空题

1. 已知 x=3，那么运行语句 x+=6 之后，x 的值为_____。

2. input()函数的返回值类型是_____。

3. 单行注释使用的符号是_____，续行符是_____。

4. 标准输入函数是_____，输出函数是_____。

5. print(1, 2, 3, sep=':')的输出结果是_____。

6. 流程图是描述_____的一种工具。

7. print('{:*^10.4}'.format('Flower'))的输出结果是_____。

8. 标准输出 print()函数中，各输出项中默认的分隔符是_____，默认的结束符是_____。

9. 若要输出"恭喜张一一同学：语文 98 分，数学 95 分！"，请补充以下语句。

```
print("恭喜{2}同学：语文{0}分，数学{1}分！".format('_____','_____','_____'))
```

10. 和 x/=x*y+z 等价的语句是_____。

三、程序阅读题

1. 运行以下三条语句，结果是_____。

```
b=2
a=eval("1.1 + b")
print(a)
```

2. 运行以下程序段，若输入 123 和 456，则输出结果是_____。

```
a=int(input())
b=int(input())
print(a+b)
```

3. 以下程序的输出结果是_____。

```
x=2
y=3
x,y=y,x
print(x,y)
```

4. 以下程序的输出结果是_____。

```
s1="QQ"
s2="Wechat"
Print("{:*<10}{:=>10}".format(s1,s2))
```

5. 运行以下程序段，若输入 123 和 456，则输出结果是_____。

```
a=input()
b=input()
```

```
print(a+b)
```

6. 以下程序的输出结果为＿＿＿＿＿＿＿＿。

```
x = "abc"
y = x
y = 100
print(x)
```

7. 以下程序的输出结果是＿＿＿＿＿＿＿＿。

```
a=899
b=a/10
print("%s,%.1f,%.2f" % ("Dora",a,b))
```

8. 以下程序的输出结果是＿＿＿＿＿＿＿＿。

```
x=30.435
x,y=12,x
print(format(x+y , '+6.2f'))
```

9. 运行以下程序，若输入 123，则输出结果是＿＿＿＿＿＿＿＿。

```
n=int(input())
a=n%10
b=n//10%10
c=n//100
m=a*100+b*10+c
print(m)
```

10. 以下程序的输出结果是＿＿＿＿＿＿＿＿。

```
x=y=10
x,y,z=6,x+1,x+2
print(x,y,z)
```

四、编程题

1. 编写程序，输入三个数，输出三个数的和，保留两位小数。

2. 编写程序，输入圆的半径，计算圆的周长和面积。

3. 编写程序，输入矩形的长和宽，使用勾股定理计算对角线的长度并输出，保留 1 位小数。

4. 编写程序，输入两个整数，交换这两个数的值并输出。

5. 编写程序，输入一个十进制整数，输出其对应的八进制数和十六进制数。

第 3 章　分支结构

3.1　知识要点回顾

虽然顺序结构程序能解决计算、输出等问题，但在解决实际问题时，很多时候需要根据给定的条件来决定做什么（条件满足时做什么，条件不满足时做什么）。这些问题的特点是需要对给定的条件进行分析、比较和判断，并根据判断结果进行不同的操作。显然，顺序结构程序无法解决类似的问题。计算科学中用来描述这种选择现象的重要手段是分支结构，也称为选择结构，这种结构根据判断的条件决定程序的不同走向。

3.1.1　逻辑判断

1. 关系运算符

在程序中经常需要比较大小关系，以决定程序下一步的工作。比较两个量的运算符称为关系运算符，即比较运算。Python 中的关系运算符如表 3.1 所示。

表 3.1　Python 中的关系运算符

关系运算符	含义
>	大于；如果前面的值大于后面的值，返回 True，否则返回 False
<	小于；如果前面的值小于后面的值，返回 True，否则返回 False
>=	大于或等于；如果前面的值大于或等于后面的值，返回 True，否则返回 False
<=	小于或等于；如果前面的值小于或等于后面的值，返回 True，否则返回 False
==	等于；如果两边的值相等，返回 True，否则返回 False
!=	不等于；如果两边的值不相等，返回 True，否则返回 False

用关系运算符将两个式子连接起来就组成了关系表达式。如果比较的结果为真，则返回 True；如果为假，则返回 Falsc。

2. 逻辑运算符

Python 提供了以下三种逻辑运算符。

（1）逻辑非（not）：对表达式结果的否定，即"真"成"假"，"假"成"真"。

（2）逻辑与（and）：当逻辑运算符两侧的表达式均为"真"时，结果为"真"。

（3）逻辑或（or）：当逻辑运算符两侧的表达式有一边为"真"时，结果为真。

用逻辑运算符连接的式子称为逻辑表达式，逻辑运算规则如表 3.2 所示。

表 3.2　逻辑运算规则

逻辑运算符	含义	说明
and	逻辑与，"并且"	如果左侧表达式为假，不管右侧表达式的值是什么，结果都是假；如果左侧表达式为真，继续计算右侧表达式的值，最终结果是右侧表达式的值
or	逻辑或，"或者"	如果左侧表达式为真，不管右侧表达式的值是什么，结果都是真；如果左侧表达式为假，继续计算右侧表达式的值，最终结果是右侧表达式的值
not	逻辑非，"非"	真的"非"是假；假的"非"是真

3. 条件运算符

对于比较简单的分支情况，Python 提供了简单的条件运算符，一般格式为：

> 语句1　if 条件表达式　else 语句2

运算规则如图 3.1 所示，先对条件表达式进行判断，如果判断结果为 True，运行语句 1，否则运行语句 2。

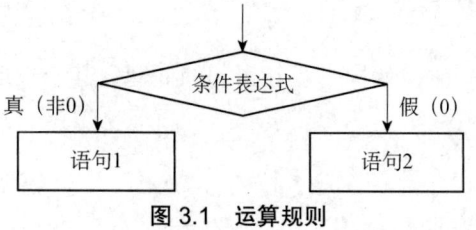

图 3.1　运算规则

4. 身份运算符

Python 中的变量具有三个要素：id（身份标识，内存地址）、type（数据类型）和 value（值）。其中 id 是唯一能识别变量的标志，类似于身份证号码，可以调用 id()函数来获取。身份运算符只有 is 和 is not，用来判断两个变量占用的内存地址是否一样，一样则返回 True，否则返回 False。

3.1.2　if 语句的三种形式

1. 双分支选择结构：if-else 语句

```
if 表达式:
    语句块 1
else:
    语句块 2
```

运行流程：如果表达式的值为真，运行语句块 1，否则运行语句块 2。

2. 单分支选择结构：省略 else 的 if 语句

```
if 表达式：
    语句块
```

运行流程：如果表达式的值为真，则运行其后的语句块，否则不运行该语句块。

3. 多分支选择结构：增加 elif 语句

```
if 表达式 1：
    语句块 1
elif 表达式 2：
    语句块 2
elif 表达式 3：
    语句块 3
...
elif 表达式 m：
    语句块 m
else：语句块 n
```

运行流程：按顺序依次判断表达式的值，一旦某个表达式为真，则运行其对应的语句块，然后跳到整个 if 语句之后继续运行程序中的其他语句。如果所有表达式均为假，则运行 else 后面的语句块 n，然后继续运行后续程序。只要找到一个表达式的值为真，就结束判断。不管有几个分支，程序运行完一个分支后，不再运行其他分支。

3.1.3 if 语句的嵌套

当 if 语句中又有 if 语句时，就构成了 if 语句的嵌套，其一般形式如下。

1. 在 if 子句中嵌套

```
if 表达式 1：
    if 表达式 2：
        语句块 1
    else：
        语句块 2
else：
    语句块 3
```

2. 在 else 子句中嵌套

```
if 表达式 1：
    语句块 1
else：
    if 表达式 2：
        语句块 2
    else：
        语句块 3
```

说明：嵌套的 if 语句可能又是 if-else 语句，这将会出现多个 if 和多个 else，同一层次的 if 和 else 要对齐。

3.2　实训内容

实验一　验证性实验

一、实验目的

1. 验证教材中的典型例题。
2. 理解和掌握分支结构程序设计的方法。
3. 理解和掌握 if 语句的三种基本形式的运行流程。
4. 掌握 if 语句的嵌套。

二、实验设备和仪器

1. 计算机。
2. Windows 10 操作系统。
3. IDLE 集成开发环境。

三、实验内容与步骤

（一）调试程序 1

1. 实验内容。

用户输入一个小写字母，例如输入 a，则显示 b；输入 b，则显示 c，以此类推，输入 z 则显示 a。

2. 程序代码 prog1.py。

```python
ch=input("请输入一个小写字母")
if 'a'<=ch<='y':          #判断字符变量 ch 是不是 a～y 之间的某个字符
    x=chr(ord(ch)+1)
else:                     #处理字母是 z 的情况
    x='a'
print(x)
```

3. 实验步骤。

步骤一：光打开 IDLE 主窗口，新建文件，并将其保存为 prog1.py，然后输入程序代码。

步骤二：运行程序。依次选择"Run"→"Run Module"，或者直接按 F5 键，这时会开始运行程序。

步骤三：若程序没有错误，则会在 IDLE 主窗口中要求用户输入数据，然后显示运行结果，如图 3.2 所示。

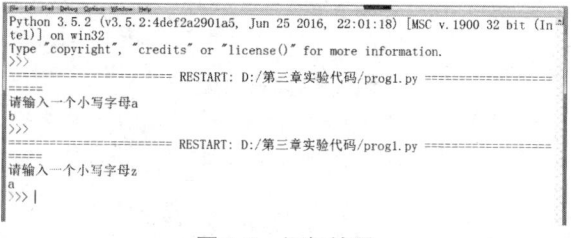

图 3.2　运行结果

（二）调试程序 2

1. 实验内容。

商店售货，按购物款的多少给予不同的优惠折扣，请编程计算实际应付款。

购物款不足 250 元，没有折扣；

购物款为 250～500 元（不含 500 元），减价 5%；

购物款为 500～1000 元（不含 1000 元），减价 7.5%；

购物款为 1000～2000 元（不含 2000 元），减价 10%；

购物款为 2000 元及以上，减价 15%。

提问：每个 if 语句中的表达式都会运行计算吗？观察 5 个 if 语句的关系。

2. 程序代码 prog2.py。

```
m=eval(input("请输入购物款：") )
if m<250:
    d=0
if 250<=m<500:
    d=0.05
if 500<=m<1000:
    d=0.075
if 1000<=m<2000:
    d=0.1
if m>=2000:
    d=0.15
t=m*(1-d)                    #计算实际应付款
print("实际应付款",t)
```

3. 实验步骤。

步骤一：打开 IDLE 主窗口，新建文件，并将其保存为 prog2.py，然后输入程序代码。

步骤二：运行程序。依次选择"Run"→"Run Module"，或者直接按 F5 键，这时会开始运行程序。

步骤三：若程序没有错误，则会在 IDLE 主窗口中要求用户输入数据，然后显示运行结果，如图 3.3 所示。

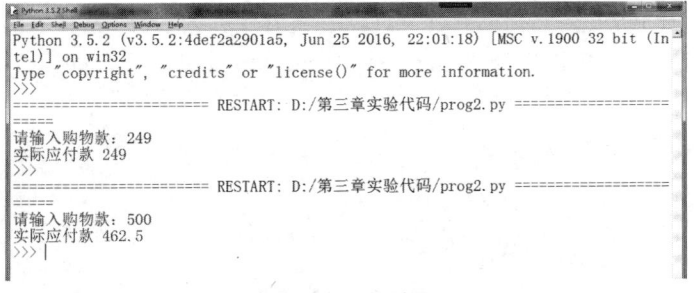

图 3.3 运行结果

（三）调试程序 3

1. 实验内容。

输入 x 的值，根据下面的表达式，计算并输出 y 的值。

$$y = \begin{cases} x^2 & (x<0) \\ 0 & (x=0) \\ 2x & (x>0) \end{cases}$$

2. 程序代码 prog3.py。

```
x=eval(input("请输入 x:"))
if x<0:
    y=x*x
elif x==0:             #注意 x 和 0 之间用的是关系运算符的等号，不是赋值运算符
    y=0
else:
    y=2*x              #注意是 2*x，而不是 2x
print("y=",y)
```

3. 实验步骤。

步骤一：打开 IDLE 主窗口，新建文件，并将其保存为 prog3.py，然后输入程序代码。

步骤二：运行程序。依次选择 "Run" → "Run Module"，或者直接按 F5 键，这时会开始运行程序。

步骤三：若程序没有错误，则会在 IDLE 主窗口中要求用户输入数据，然后显示运行结果，如图 3.4 所示。

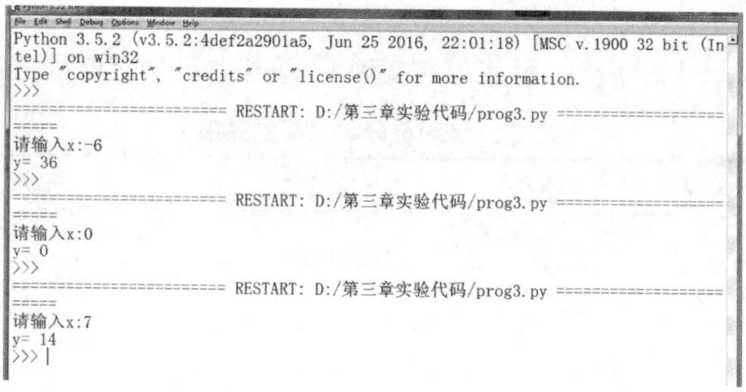

图 3.4 运行结果

（四）调试程序 4

1. 实验内容。

输入一个字符，如果为 Y 或 y，则输出 "是"；若为 N 或 n，则输出 "否"；若为其他字符，则输出 "输入数据不合要求"。

2. 程序代码 prog4.py。

```
a=input("请输入一个字符:")
if a=='Y' or a=='y'or a=='N' or a=='n':    #注意正确识别嵌套语句中的 if 语句
    if a=='Y' or a=='y':
        print("是")
    else:
        print("否")
else:
    print("输入数据不合要求")
```

3. 实验步骤。

步骤一：打开 IDLE 主窗口，新建文件，并将其保存为 prog4.py，然后输入程序代码。

步骤二：运行程序。依次选择"Run"→"Run Module"，或者直接按 F5 键，这时会开始运行程序。

步骤三：若程序没有错误，则会在 IDLE 主窗口中要求用户输入数据，然后显示运行结果，如图 3.5 所示。

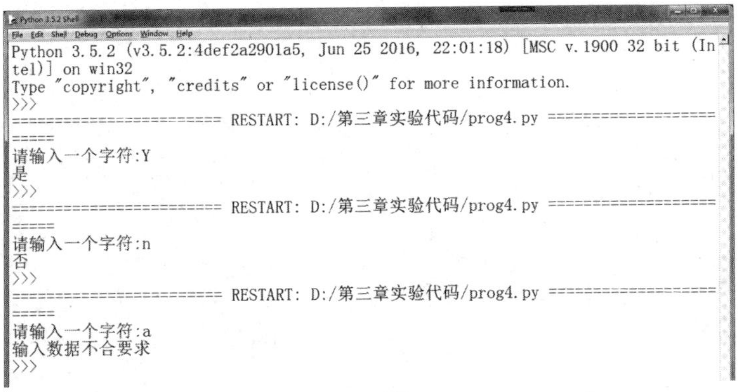

图 3.5 运行结果

（五）调试程序 5

1. 实验内容。

按考试成绩输出相应的等级（用 if 语句实现），等级与分数之间的关系如表 3.3 所示。

表 3.3 等级与分数之间的关系

等级	分数
A	90～100
B	80～89
C	60～79
D	小于 60

2. 程序代码 prog5.py。

```
grade=eval(input("请输入成绩："))
if 90<=grade<=100:
    print("A 等级")
elif 80<=grade<=89:
    print("B 等级")
elif 60<=grade<=79:
    print("C 等级")
else:
    print("D 等级")
```

3. 实验步骤。

步骤一：打开 IDLE 主窗口，新建文件，并将其保存为 prog5.py，然后输入程序代码。

步骤二：运行程序。依次选择"Run"→"Run Module"，或者直接按 F5 键，这时会开始运行程序。

步骤三：若程序没有错误，则会在 IDLE 主窗口中要求用户输入数据，然后显示运行结果，如图 3.6 所示。

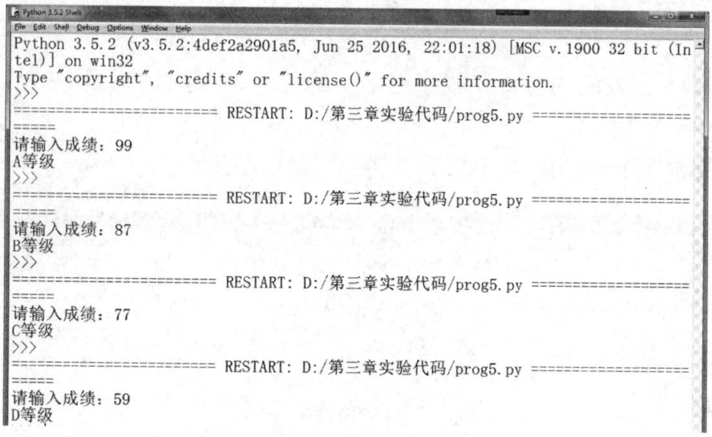

图 3.6　运行结果

四、实验报告要求

1. 写出程序 1 的实验原理与考查知识点。

2. 写出程序 2 的实验原理与考查知识点。

3. 写出程序 3 的实验原理与考查知识点。

4. 写出程序 4 的实验原理与考查知识点。

5. 写出程序 5 的实验原理与考查知识点。

实验二　启发性实验 1

一、实验目的

1. 掌握程序设计与调试的方法。

2. 掌握分支结构程序填空的方法。

3. 掌握分支结构程序改错的技巧。

4. 提高分支结构程序编写能力。

二、实验设备和仪器

1. 计算机。

2. Windows 10 操作系统。

3. IDLE 集成开发环境。

三、实验内容与步骤

（一）填空题 1

1. 实验内容。

输入一个数，判断它是奇数还是偶数。

2. 程序代码 prog6.py（输入代码时，可不输入注释语句）。

```
a=eval(input("请输入一个数"))
if____1____:                        #请写出判断偶数的条件
    print(a,"是偶数")
____2____:                          #否则...
    print(a,"是奇数")
```

请在横线处填入正确的内容，使程序得出正确的结果。注意：不得增行或删行，也不得更改程序的结构！

分别用两组数据验证程序，第 1 组数据为 9，运行结果如图 3.7 所示。

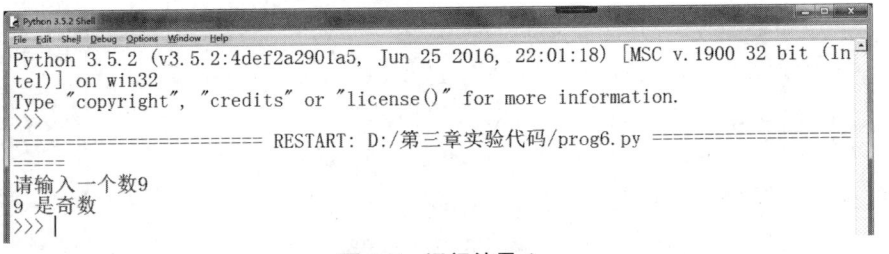

图 3.7　运行结果 1

第 2 组数据为 8，运行结果如图 3.8 所示。

```
File  Edit  Shell  Debug  Options  Window  Help
Python 3.5.2 (v3.5.2:4def2a2901a5, Jun 25 2016, 22:01:18) [MSC v.1900 32 bit (In
tel)] on win32
Type "copyright", "credits" or "license()" for more information.
>>>
================== RESTART: D:/第三章实验代码/prog6.py ==================
=====
请输入一个数8
8 是偶数
>>> |
```

图 3.8　运行结果 2

（二）填空题 2

1. 实验内容。

输入一个字符，判断输入的字符是数字、字母，还是其他字符。

2. 程序代码 prog7.py。

```
c=input("请输入一个字符")
if____1____:                        #判断 c 是否为数字
    print(c,"is a number")
elif____2____:                      #判断 c 是否为字母
    print(c,"is a capital")
else:
    print(c,"is other\n")
```

请在横线处填入正确的内容，使程序得出正确的结果。注意：不得增行或删行，也不得更改程序的结构！

用 3 组数据验证修改后的程序，第 1 组数据为 8，运行结果如图 3.9 所示。

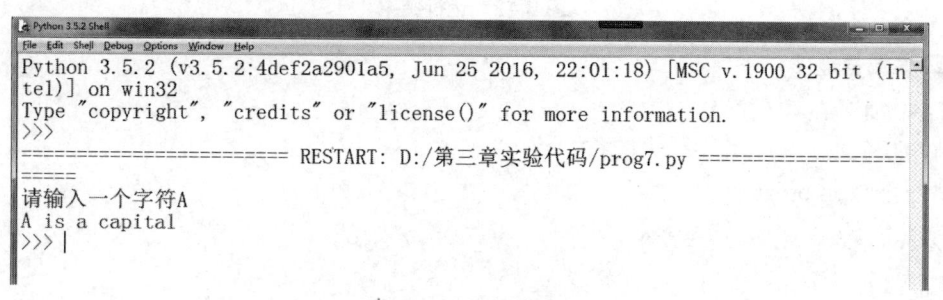

图 3.9 运行结果 1

第 2 组数据为"A",运行结果如图 3.10 所示。

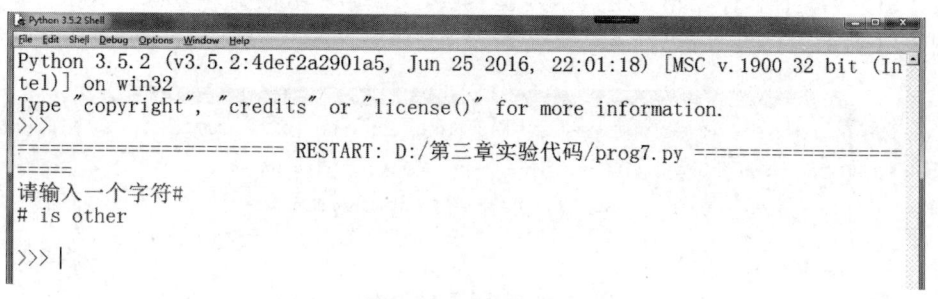

图 3.10 运行结果 2

第 3 组数据为"#",运行结果如图 3.11 所示。

Python 3.5.2 Shell
File Edit Shell Debug Options Window Help
Python 3.5.2 (v3.5.2:4def2a2901a5, Jun 25 2016, 22:01:18) [MSC v.1900 32 bit (In
tel)] on win32
Type "copyright", "credits" or "license()" for more information.
>>>
======================= RESTART: D:/第三章实验代码/prog7.py ====================
=====
请输入一个字符#
is other

>>> |

图 3.11 运行结果 3

（三）编程题 1

1. 实验内容。

输入 3 个数作为三角形的三条边长，判断是否能构成一个三角形（两边之和大于第三边，两边之差小于第三边），若能构成三角形则输出"yes"，若不能构成三角形则输出"no"。

2. 程序代码 prog8.py。

```
a,b,c=eval(input("请输入三条边："))
#将代码补充完整
...
...
```

用 2 组数据验证程序代码，第 1 组数据为 3、4、5，第 2 组数据为 1、2、3，运行结果如图 3.12 所示。

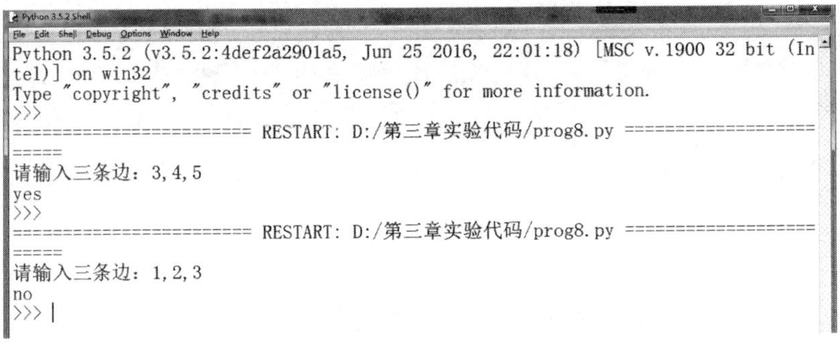

图 3.12　运行结果

（四）编程题 2

1. 实验内容。

输入三个数，输出其中最大的数。

2. 程序代码 prog9.py。

```
a,b,c=eval(input("请输入三个数："))
#将下面的代码补充完整
...
...
```

用 2 组数据验证程序，第 1 组数据为 3、400、5，第 2 组数据为 100、−300、5，运行结果如图 3.13 所示。

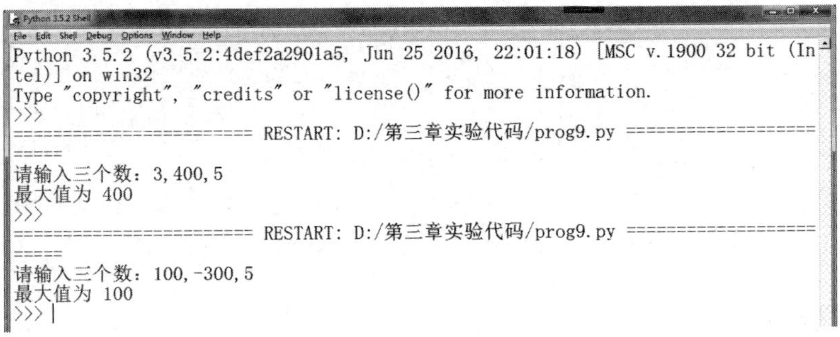

图 3.13　运行结果

实验三　启发性实验 2

一、实验目的

1. 进一步掌握 Python 程序的编辑和运行过程。
2. 熟悉分支结构程序的设计方法。
3. 熟练使用 if 语句。

二、实验设备和仪器

1. 计算机。
2. Windows 10 操作系统。
3. IDLE 集成开发环境。

三、实验内容

（一）填空题 1

1. 实验内容。

计算某年某月有几天。其中判别闰年的条件是：能被 4 整除但不能被 100 整除的年份是闰年，能被 400 整除的年份也是闰年。

2. 程序代码 prog10.py。

```
#输入代码时，可不输入注释语句
#输入数据时，注意不要输错年份和月份的顺序
year,month=eval(input("please input year,month:"))
if month==2:
    if ((year%4==0 and year%100!=0) or year%400==0):
        ___1___                          #闰年 2 月的天数
    else:
        ___2___                          #非闰年 2 月的天数
elif month==4 or month==6 or month==9 or month==11:    #4、6、9、11 月的天数
    len=30
else:
    ___3___                              #1、3、5、7、8、10、12 月的天数
print("the length is",len)
```

请在横线处填入正确的内容，使程序得出正确的结果。注意：不得增行或删行，也不得更改程序的结构！

用 3 组数据验证程序，第 1 组数据为 2023、4，第 2 组数据为 2010、2，第 3 组数据为 2000、2，运行结果如图 3.14 所示。

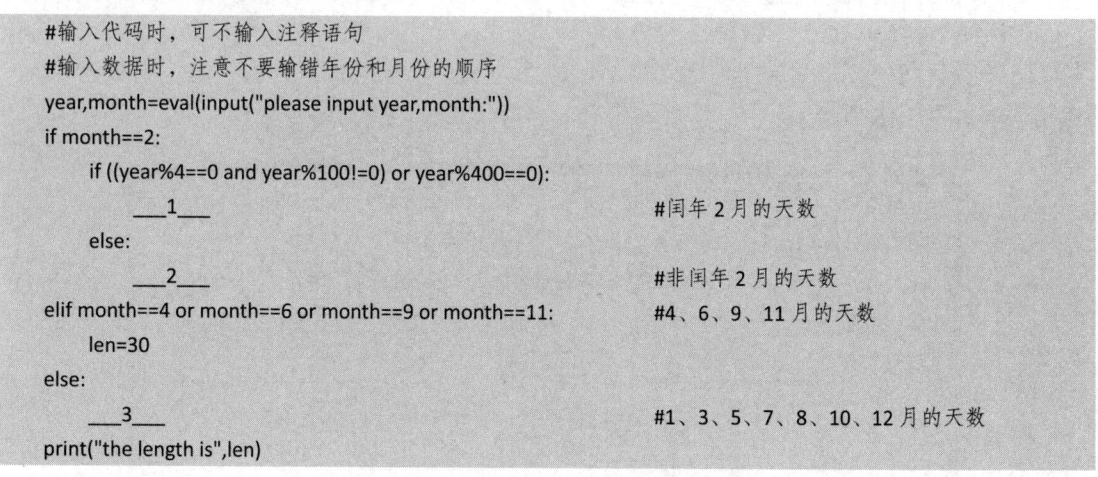

图 3.14　运行结果

（二）填空题 2

1. 实验内容。

输入一个字符，如果是大写字母 Y，输出 "Yes"；如果是大写字母 N，输出 "No"；如果是其他字符，输出 "Error"。

2. 程序代码 prog11.py。

```
ch=input("请输入字符:");
```

```
if ____1____:
    print("Yes")                                    #如果是大写字母 Y，输出 "Yes"
elif ____2____:
    print("No\n")                                   #如果是大写字母 N，输出 "No"
else:
    print("Error\n")
```

请在横线处填入正确的内容，使程序得出正确的结果。注意：不得增行或删行，也不得更改程序的结构！

用 3 组数据验证修改后的程序，第 1 组数据为 Y，第 2 组数据为 N，第 3 组数据为 x，运行结果如图 3.15 所示。

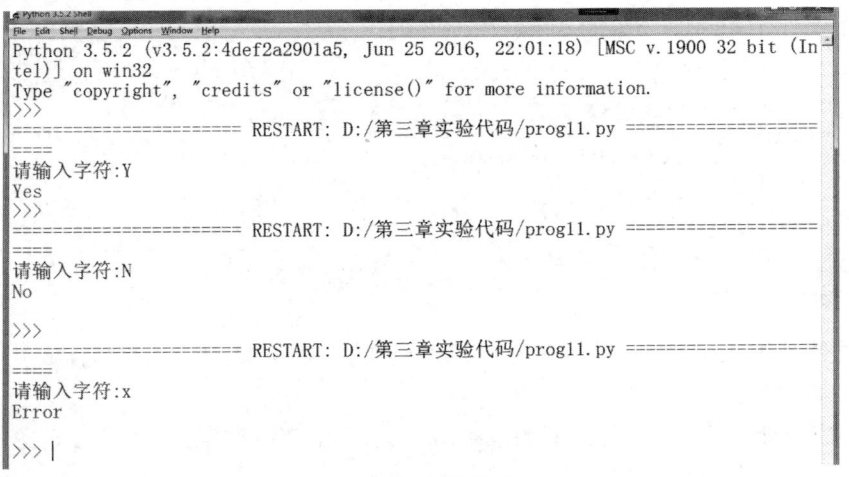

图 3.15 运行结果

（三）编程题 1

1. 实验内容。

已知银行整存整取不同期限的年利率如下。

$$年利率=\begin{cases} 1.98\%，期限 1 年 \\ 2.15\%，期限 2 年 \\ 2.25\%，期限 3 年 \\ 2.45\%，期限 5 年 \\ 2.65\%，期限 8 年 \end{cases}$$

编写程序，输入本金和存款期限，输出本息合计金额（部分源代码已经给出）。

2. 程序代码 prog12.py。

```
m,n=eval(input("请输入本金和存款期限 : "))
#将下面的代码补充完整
...
...
```

用 2 组数据验证程序代码，第 1 组数据为 100、2，第 2 组数据为 200、8，运行结果如图 3.16 所示。

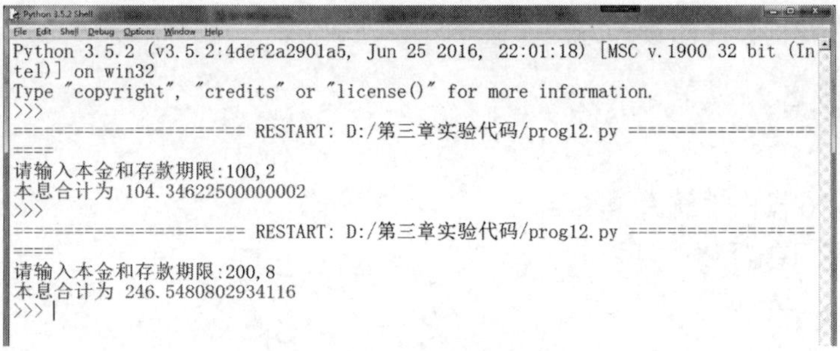

图 3.16 运行结果

（四）编程题 2

1. 实验内容。

输入三个整数，根据这三个整数的比较结果显示以下信息（使用 if 语句完成程序的编写）。

（1）如果三个数都不相等，则显示 0。

（2）如果三个数中有两个数相等，则显示 1。

（3）如果三个数都相等，则显示 2。

2. 程序代码 prog13.py。

```
a,b,c=eval(input(" 请输入三个整数 : "))
#将下面的代码补充完整
...
...
#请在...处用一行或多行代码替换
#注意：提示框架的代码可以任意修改，以完成程序功能为准
```

用 3 组数据验证程序代码，第 1 组数据为 1、2、3，第 2 组数据为 5、5、6，第 3 组数据为 6、6、6，运行结果如图 3.17 所示。

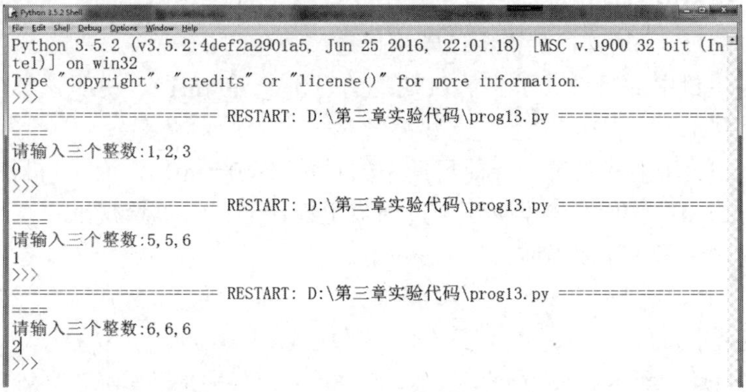

图 3.17 运行结果

实验四 设计性实验

一、实验目的

1. 进一步掌握 Python 程序编辑和运行的过程。

2. 熟练使用 Python 语言的各种表达式。

3. 熟悉分支结构程序的设计方法。

二、实验设备和仪器

1. 计算机。

2. Windows 10 操作系统。

3. IDLE 集成开发环境。

三、实验内容

1. 程序设计 1。

方法一（prog14.py）：输入一名学生的生日（年：y0；月：m0；日：d0），输出学生的年龄。

获取当前日期（年、月、日）的方法如下。

```
import datetime
y1=datetime.datetime.now().year
m1=datetime.datetime.now().month
d1=datetime.datetime.now().day
```

例如，输入"2000，12，31"，假设当前日期为 2023 年 4 月 19 日，输出 22。

方法二（prog15.py）：输入一名学生的生日（年：y0；月：m0；日：d0），输入当前的日期（年：y1；月：m1；日：d1），输出学生的年龄。例如，输入学生的生日"2000，12，31"，输入当前日期"2023，4，19"，输出 22。

初步分析：求学生的年龄，只要用当前日期中的年份减去生日日期中的年份即可。

进一步分析：

①若该学生生日中的月份小于当前日期中的月份（m0<m1），说明该学生已过周岁生日；

②若该学生生日中的月份等于当前日期中的月份（m0==m1），而生日日期中的日小于或等于当前日期中的日（d0<=d1），说明该学生已过周岁生日；

③若该学生生日中的月份大于当前日期中的月份（m0>m1），说明该学生还未过周岁生日，应该将年龄减 1；

④若该学生生日中的月份等于当前日期中的月份（m0==m1），而生日日期中的日大于当前日期中的日（d0>d1），说明该学生还未过周岁生日，应该将年龄减 1。

方法一的程序代码（获取当前日期）prog14.py。

```
import datetime
nowyear=datetime.datetime.now().year      #获取当前日期中的年份
nowmonth=datetime.datetime.now().month    #获取当前日期中的月份
nowday=datetime.datetime.now().day        #获取当前日期中的日
#将下面的代码补充完整
...
...
#请在...处用一行或多行代码替换
#注意：提示框架的代码可以任意修改，以完成程序功能为准
```

程序代码补充完整后，使程序得出正确的结果。

用 2 组数据验证程序代码，第 1 组数据为 2000、12、31，第 2 组数据为 2010、3、2，运行结果如图 3.18 所示。

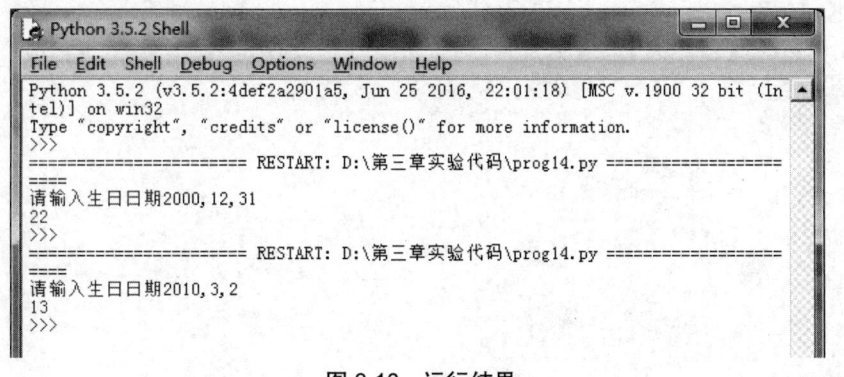

图 3.18　运行结果

方法二的程序代码（直接输入当前日期）prog15.py。

```
y0,m0,d0=eval(input(" 请输入生日日期 "))
y1,m1,d1=eval(input(" 请输入当前日期 "))
#将下面的代码补充完整
...
```

程序代码补充完整后，使程序得出正确的结果。

用 2 组数据验证程序代码，第 1 组数据为 2000、12、31，第 2 组数据为 2010、3、2，当前日期为 2023、4、19，运行结果如图 3.19 所示。

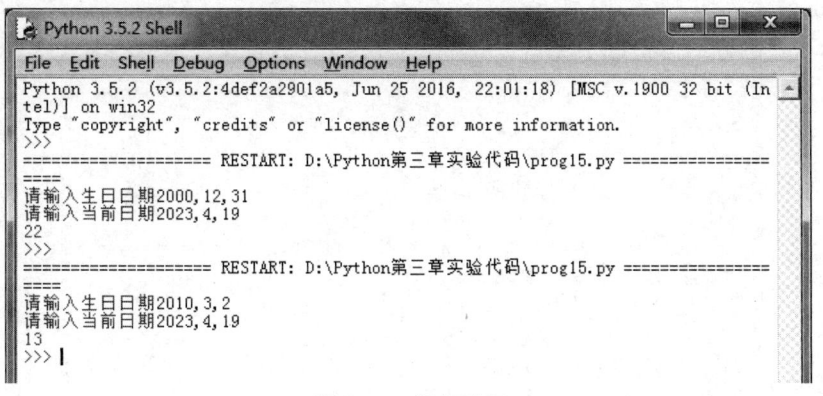

图 3.19　运行结果

2. 程序设计 2（prog16.py）。

编写一个简单计算器程序，输入 data1、op 和 data2。其中 data1 和 data2 是参加运算的两个数，op 为运算符（只能是+、-、*、/），输入数据错误时要有提示信息。输入和输出示例如下。

```
请输入第一个操作数和第二个操作数 20.5,30
请输入运算符+
50.5
```

```
请输入第一个操作数和第二个操作数 88,77
请输入运算符-
11


请输入第一个操作数和第二个操作数 25,4
请输入运算符*
100


请输入第一个操作数和第二个操作数 10,8
请输入运算符/
1.25


请输入第一个操作数和第二个操作数 10,0
请输入运算符/
除数不能为 0
```

编程提示如下。

（1）获取用户输入的算式需要调用 input()函数。

（2）利用 if 语句区分 "+" "-" "*" "/" 的不同情况（因为运算符不同，实际的求值方法也不同）。如果 op 接收的运算符是 "+"，那么就必须将 data1+data2 作为计算结果输出；如果 op 接收的运算符是 "/"，那么必须将 data1/data2 作为计算结果输出。

用 5 组数据验证程序代码，第 1 组数据为 20.5、30、+，第 2 组数据为 88、77、-，第 3 组数据为 25、4、*，第 4 组数据为 10、8、/，第 5 组数据为 10、0、/，运行结果如图 3.20 所示。

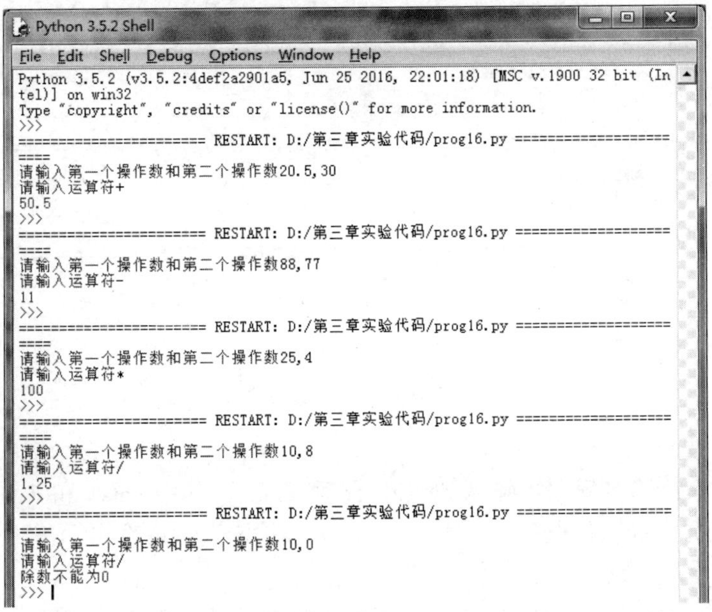

图 3.20　运行结果

3. 程序设计 3（prog17.py）。

输入年份、月份、日期，输出下一天的日期。

编写好程序代码后，用以下 3 组数据验证程序代码。

```
2022,12,31
2000,2,29
2010,3,2
```

运行结果如图 3.21 所示。

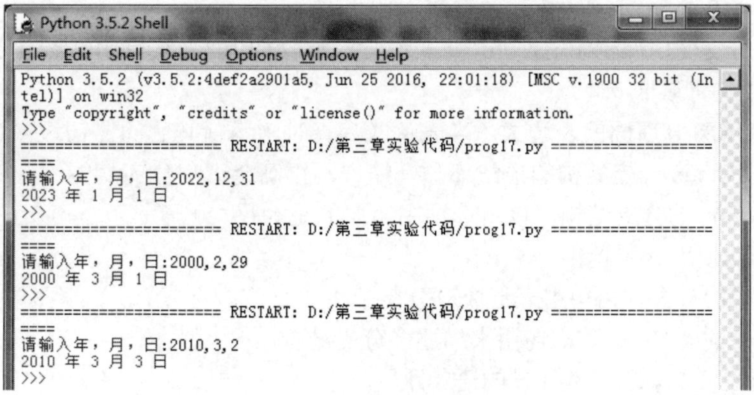

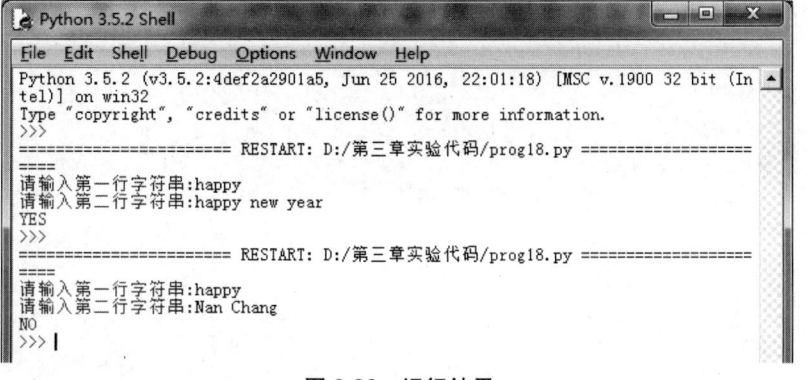

图 3.21 运行结果

4. 程序设计 4（prog18.py）。

输入两行字符串（字符串长度不超过 80），判断第一行字符串是不是第二行字符串的子串。如果是，输出"YES"，否则输出"NO"。

编写好程序代码后，用下列 2 组数据验证程序代码。

第 1 组数据为：

```
happy
happy new year
```

第 2 组数据为：

```
happy
Nan Chang
```

运行结果如图 3.22 所示。

图 3.22 运行结果

3.3 课后习题

一、选择题

1. 以下关于 Python 分支的描述中，错误的是（ ）。

A. Python 分支使用保留字 if、elif 和 else 来实现，if 后面必须有 elif 或 else

B. if-else 结构可以嵌套

C. if 语句会判断 if 后面的表达式，当表达式为真时，运行其后的语句块

D. 缩进是 Python 分支结构的语法部分，缩进不正确会影响分支功能

2. 关于 Python 的分支结构，以下选项中错误的是（ ）。

A. 分支结构使用 if 保留字

B. Python 中的 if-else 语句用来形成双分支结构

C. Python 中的 if-elif-else 语句用来描述多分支结构

D. 分支结构可以向已经运行过的语句跳转

3. 以下选项中，不是 Python 语言基本控制结构的是（ ）。

A. 分支结构　　　　　　　　　　　　B. 循环结构

C. 跳转结构　　　　　　　　　　　　D. 顺序结构

4. 判断 ch 既不是字母也不是数字的语句是（ ）。

A. not((ch>='A' and ch<='Z') or (ch>='a' and ch<='z') or (ch>='0' and ch<='9'))

B. ((ch>='A' and ch<='Z') or (ch>='a' and ch<='z') or (ch>='0' and ch<='9'))

C. not((ch>='A' and ch<='Z') or (ch>='a' and ch<='z') or (ch>='0' or ch<='9'))

D. not((ch>='A' or ch<='Z') or (ch>='a' and ch<='z') or (ch>='0' and ch<='9'))

5. 3 in(20,15,3,14,5)的结果为（ ）。

A. False　　　　　　　　　　　　　　B.Ture

C. 不确定　　　　　　　　　　　　　D. 错误

6. print(True if 2>=0 else False)语句的输出结果是（ ）。

A. True　　　　　　　　　　　　　　B. False

C. 1　　　　　　　　　　　　　　　　D. -1

7. 以下代码的输出结果是（ ）。

```
a=2
b=3
c=a if a<b else b
print(c)
```

A. 2　　　　　　　　B. 3　　　　　　　　C. True　　　　　　　　D. False

8. 以下代码的输出结果是（ ）。

```
a=17
b=6
result=a%b if(a%b>4) else a/b
```

```
print(result)
```

　　A. 0　　　　　　　　　　B. 1　　　　　　　　C. 2　　　　　　　　D. 5

　　9. 以下代码的输出结果是（　　　）。

```
x=2
y=2
if x==y:
    print("equal")
else:
    print("not equal")
```

　　A. equal　　　　　　　　　　　　　　　　B. not equal

　　C. 运行异常　　　　　　　　　　　　　　　D. 以上结果都不对

　　10. 以下 if 语句中语法不正确的是（　　　）。

　　A.

```
if a>0:x=20
else:x=200
```

　　B.

```
if a>0:x=20
else:
    x=200
```

　　C.

```
if a>0:
    x=20
else:x=200
```

　　D.

```
if a>0
    x=20
else:
    x=200
```

　　11. 下列代码的输出结果是（　　　）。

```
x=1
y=0
if x:
    y=1
else:
    y=-1
print(y)
```

　　A. 0　　　　　　　　　　B. 1　　　　　　　　C. –1　　　　　　　　D. 出错

　　12. 下列代码的输出结果是（　　　）。

```
if 2:
```

```
    print(5)
else:
    print(6)
```

A. 0   B. 2   C. 5   D. 6

13. 下列代码的输出结果为（   ）。

```
x=False
y=True
z=False
if x or y and z:print("yes")
else:print("no")
```

A. yes   B. no   C. True   D. 无输出

14. 下列代码的输出结果是（   ）。

```
x=0
y=0
if x:
    y=1
print(y)
```

A. 0   B. 1   C. 没有输出   D. 出错

15. 要统计成绩优秀(mark≥90)以及成绩不及格(mark<60)的男生人数，正确的语句为（   ）。

A. if gender=="男" and mark<60 or mark>=90:n+=1

B. if gender=="男" and mark<60 and mark>=90:n+=1

C. if gender=="男" and (mark<60 or mark>=90):n+=1

D. if gender=="男" or mark<60 or mark>=90:n+=1

16. 以下代码的输出结果是（   ）。

```
if 0:
    print("hello")
```

A. False   B. hello

C. 没有任何输出   D. 语法错误

17. 以下代码的输出结果是（   ）。

```
a,b,c=70,50,30
if (a>b):
    a=b
    b=c
    c=a
print(a,b,c)
```

A. 70 50 70   B. 50 30 70   C. 70 30 70   D. 50 30 50

18. 以下代码的输出结果是（   ）。

```
n=5
```

```
s=100
if n>=5:
    n-=10
    s=4
if n<5:
    n-=10
    s=3
print(s)
```

A. 3   B. 4   C. 0   D. 2

19. 输入数字 5，以下代码的输出结果是（ ）。

```
n=eval(input())
s=0
if n>=5:
    n-=1
    s=4
if n<5:
    n-=1
    s=3
print(s)
```

A. 1   B. 2   C. 3   D. 4

20. 下列程序段的功能是求 x 和 y 中的较大数，不正确的是（ ）。

A.

```
maxNum=x if x>y else y
```

B.

```
if x>y: maxNum=x
else: maxNum=y
```

C.

```
maxNum=y
if x>y: maxNum=x
```

D.

```
if y>=x:  maxNum=y
maxNum=x
```

21. 下面的代码在运行时输入"12"，输出结果是（ ）。

```
x=input()
if x== '1':
    print('One')
elif x== '2':
    print('Two')
elif x== '3':
    print('Three')
else:
```

```
    print('other')
```

A. One　　　　　　B. Two　　　　　　C. Three　　　　　　D. other

22. 以下代码的输出结果是（　　　）。

```
age=42
if age>=25 and age<=30:
    print("作为一个老师，你很年轻")
elif age<25:
    print("作为一个老师，你太年轻了")
elif age>=60:
    print("作为一个老师，你可以退休了")
else:
    print("作为一个老师，你很有爱心")
```

A. 作为一个老师，你很年轻　　　　　　B. 作为一个老师，你太年轻了
C. 作为一个老师，你可以退休了　　　　D. 作为一个老师，你很有爱心

23. 以下代码的输出结果是（　　　）。

```
age=43
familyName="赵"
if age>50:
    print("您好！ "+familyName+"奶奶")
elif age>40:
    print("您好！ "+familyName+"阿姨")
elif age>30:
    print("您好！ "+familyName+"姐姐")
else:
    print("您好！ "+"小"+ familyName)
```

A. 您好！赵奶奶　　　　　　B. 您好！赵阿姨
C. 您好！赵姐姐　　　　　　D. 您好！小赵

24. 下列 Python 语句的运行结果为（　　　）。

```
x=True
y=False
z=True
if not x or y:print(1)
elif not x or not y and z:print(2)
elif not x or y or not y and x:print(3)
else:print(4)
```

A. 1　　　　　　B. 2　　　　　　C. 3　　　　　　D. 4

25. 以下代码的输出结果是（　　　）。

```
age=18
if 12<=age<=17:
    print("中学生")
elif age<=12:
    print("小学生")
```

```
elif age<=20:
    print("大学生")
else:
    print("是学生吗")
```

A. 中学生　　　　　　　B. 小学生　　　　　　C. 大学生　　　　　D. 是学生吗

26. 若输入 74，输出的 grade 是（　　　）。

```
x=int(input())
if x>=60:
    grade='D'
elif x>=70:
    grade='C'
elif x>=80:
    grade='B'
else:
    grade='A'
print(grade)
```

A. A　　　　　　　　　B. B　　　　　　　　C. C　　　　　　　D. D

27. 以下代码的输出结果是（　　　）。

```
b=8
if b%2==0 and b%3==0:
    print('该数字能同时被 2 和 3 整除')
elif b%2==0:
    print('该数字能被 2 整除')
elif b%3==0:
    print('该数字能被 3 整除')
else:
    print('该数字不能被 2 和 3 整除')
```

A. 该数字能同时被 2 和 3 整除

B. 该数字能被 2 整除

C. 该数字能被 3 整除

D. 该数字不能被 2 和 3 整除

28. 在 Python 中，实现多（三种以上）分支结构的较好方法是使用（　　　）。

A. if 单分支语句　　　　　　　　　　B. if-else 语句

C. if-elif-else 语句　　　　　　　　　D. if 语句嵌套

29. 以下代码的输出结果是（　　　）。

```
i=3
j=0
k=4
if(i<k):
    if(i==j):
        print(i)
    else:
```

```
        print(j)
else:
    print(k)
```

A. 3   B. 0   C. 4   D. 以上结果都不对

30. 以下代码的输出结果是（   ）。

```
i=4
j=0
k=3
if(i<k):
    if(i==j):
        print(i)
    else:
        printf(j)
else:
    print(k)
```

A. 3   B. 0   C. 4   D. 以上结果都不对

二、填空题

1. 对于 if 语句中的语句块，应将它们_____。

2. 当 x=0、y=50 时，语句 z=x if x else y 运行后，z 的值是_____。

3. 程序填空。输入两个整数 a 和 b，先输出较大数，再输出较小数。

```
a,b=eval(___1___("输入 a,b: "))
if ___2___:
    a,b=b,a
print("{0},{1}".format(a,b))
```

4. 程序填空，输入三角形的三条边长 a、b、c，求三角形的面积，公式如下。

$$s=\sqrt{p(p-a)(p-b)(p-c)}，p=(a+b+c)/2$$

```
a,b,c=eval(input("a，b，c="))
if _____1_____:
    p=(a+b+c)/2
    s=_____2_____
    print("a={0},b={1},c={2}".format(a,b,c))
    print("area={}".format(s))
else:
    print("a={0},b={1},c={2}".format(a,b,c))
print("input data error")
```

5. 程序填空。生成 3 个两位随机整数，输出其中最大的数。

```
import random
x=random.randint(10,99)
y=random.randint(10,99)
z=random.randint(10,99)
max=___1___if x>y else y
```

```
max=max if max>z else     2
print("x={0},y={1},z={2}".format(x,y,z))
print("max=",max)
```

6. 编写程序。输入 i，如果 i 能被 7 整除但不能同时被 5 整除则输出 i，否则不输出。

```
i=int（input()）
if      1      :
      2      (i)
```

7. 编写程序。输入年份，判断当年的 3 月 1 日是当年的第几天？

```
year=int(input())
if          1          :    #判断是否为闰年
     day=31+29+1
else:
      2  =31+28+1
print(day)
```

8. 判断一个数是奇数还是偶数。

```
a=int(input())
if      1      :
     print("这是一个偶数")
      2      :
     print("这是一个奇数")
```

9. 求出两个数中的较小值

```
a,b,c=4,5,0
if      1      :
     c=b
if a<b:
          2
print(c)
```

10. 程序填空。将成绩（0～100）从百分制变换为等级制，成绩大于或等于 90 对应 A 等级，成绩大于或等于 80 对应 B 等级，成绩大于或等于 70 对应 C 等级，成绩大于或等于 60 对应 D 等级，成绩小于 60 对应 E 等级。

```
score=int(input())
   1      score > 100 or score < 0:
     print('wrong score.must between 0 and 100.')
elif    2    :
     print('A')
elif score >= 80:
     print('B')
elif score >= 70:
     print('C')
elif score >= 60:
     print('D')
else:
     print('E')
```

三、程序阅读题

1. 以下代码的输出结果是_____。

```
if 666:
    print(9)
```

2. 以下代码的输出结果是_____。

```
n = 2
if n in (2,3):
    print('Yes')
```

3. 以下代码的输出结果是_____。

```
i = s = 0
if i <= 10:
    s += i
    i += 1
print(s)
```

4. 以下代码的输出结果是_____。

```
x=4
if x**2>15:
    y=x**2+1
if x**2<15:
    y=1/x
print(y)
```

5. 以下代码的输出结果是_____。

```
x=15
if x%3==0:
    print("yes")
else:
    print("No")
```

6. 以下代码的输出结果是_____。

```
a = 0
if a:
    print(a)
else:
    print('empty')
```

7. 以下代码的输出结果是_____。

```
x=2
if x:
    print(True)
else:
    print(False)
```

8. 以下代码的输出结果是_____。

```
b = 6 if 5>13 else 9
print(b)
```

9. 以下代码的输出结果是_____。

```
x=-5
if x>0:
    print("x 是正数")
elif x<0:
    print("x 是负数")
else:
    print("x 是 0")
```

10. 以下代码的输出结果是_____。

```
x=16
if 0<=x<=30:
    if x<15:
        if x<10:
            y=0
        else:
            y=1
    else:
        if x<20:
            y=2
        else:
            y=3
else:
    y=4
print(y)
```

四、编程题

1. 编写程序，输入 2 个整数 a、b，求 a^2+b^2 的值，如果值大于或等于 100 并且小于 1000，则输出该值百位上的数字，否则输出该值本身。

2. 编写程序，输入 3 个字符，输出 ASCII 编码最大的字符。

3. 编写一个计算器程序（能进行加、减、乘、除运算），输入 2 个操作数和 1 个运算符，完成加、减、乘、除运算，输出结果。

4. 已知银行整存整取不同期限的年利率如下。

$$年利率= \begin{cases} 1.98\%, & 期限1\ 年 \\ 2.15\%, & 期限2\ 年 \\ 2.25\%, & 期限3\ 年 \\ 2.45\%, & 期限5\ 年 \\ 2.65\%, & 期限8\ 年 \end{cases}$$

编写程序，输入存钱的本金和期限，求到期时能从银行得到的利息与本金总额。

5. 编写程序，输入年份，判断是否是闰年。

第4章 循环结构

4.1 知识要点回顾

4.1.1 while 语句

在 Python 中，while 语句和 if 语句类似，都是在条件表达式为真的情况下，运行相应的语句块。不同之处在于，条件为真时，while 语句会重复运行语句块。

1. while 语句的一般格式

while 语句的形式和流程图如表 4.1 所示。

表 4.1 while 语句的形式和流程图

语句形式	流程图
while 表达式：语句块	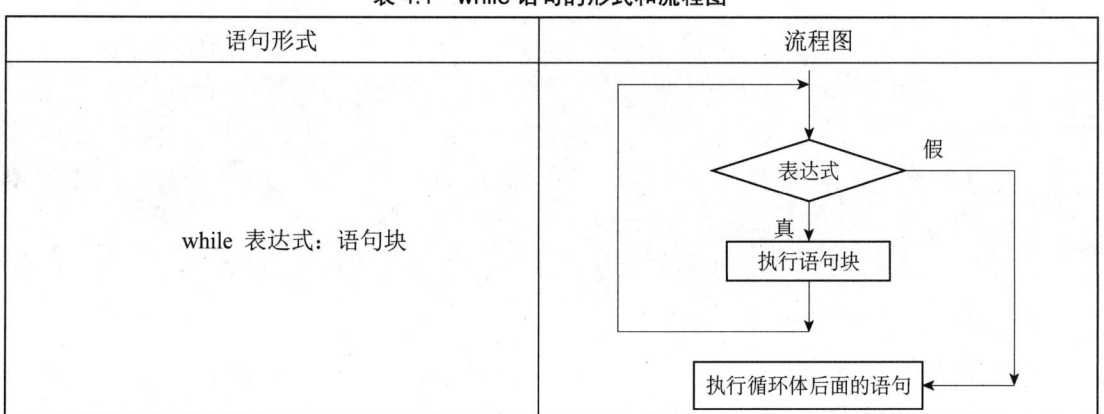

计算机在运行语句块之前，要先对表达式进行计算。如果表达式的值为 True，将语句块运行一次；语句块运行完后，计算机会重新对表达式进行计算，如果该表达式值仍然为 True，则继续运行语句块，重复此过程直到表达式的值为 False，循环结束。

语法说明如下。

（1）while 后面的表达式决定是否终止循环，它可以是结果为 True 或 False 的任何表达式，常用的是关系表达式和逻辑表达式。表达式后面必须加冒号。

（2）语句块是重复运行的部分，称为循环体。循环体的语句块可以是单个语句，也可以是多个语句。当循环体由多个语句构成时，必须用缩进对齐的方式组成一个语句块，否则会产生错误。

（3）如果 while 后面的表达式一直为 True，则一直循环，这称作死循环。要避免死循环，循环体中应有能使表达式的值由 True 变为 False 的语句。

2. 在 while 语句中使用 else 子句

在 Python 中，可以在循环语句中使用 else 子句，else 子句会在循环正常运行完的情况下被运行（不管是否运行循环体）。但当通过 break 语句跳出循环体而中断循环时，else 子句就不会被运行。

4.1.2　for 语句

for 语句的形式和流程图如表 4.2 所示。

表 4.2　for 语句的形式和流程图

语句形式	流程图
for 目标变量 in 序列对象：语句块	将序列对象的元素赋给目标变量 → 语句块 → 是最后元素？（否：返回；是：执行循环后面的语句）

for 语句定义了目标变量和遍历的序列对象，后面是需要重复运行的语句块。语句块中的语句要缩进，且缩进量要一致。

运行流程如下。

（1）将序列对象中的元素逐个赋给目标变量。

（2）每赋值一次就运行一遍语句块。

（3）序列被遍历完成后，循环结束，运行 for 语句的下一条语句。

语法说明如下。

（1）for 语句是通过遍历任意序列的元素来建立循环的，针对序列的每一个元素运行一次循环。列表、字符串、元组都是序列，可以利用它们来建立循环。

（2）for 循环的循环次数就是序列中元素的个数，即序列的长度，可以利用序列长度来控制循环次数。

（3）目标变量的作用是存储每次循环所引用的序列元素的值。在循环体中也可以引用目标变量的值，在这种情况下，目标变量不仅能控制循环次数，而且会直接影响循环体中的运算量。

（4）可以在循环体中修改目标变量的值，但当程序流程再次回到循环开始时，就会自动被设成序列的下一个元素。退出循环后，该变量的值就是序列中的最后一个元素。

4.1.3 流程控制的其他语句

1. break 跳转语句

break 跳转语句可以用在 for 循环、while 循环中，使所在循环立即终止，即跳出所在的循环体，继续运行后面的语句。只要程序运行到 break 跳转语句处，就会终止循环。如果使用循环嵌套，程序运行到 break 跳转语句处会跳出当前的循环体。如果需要在某种条件出现时强行终止循环，而不是等到循环条件为 False 时才退出循环，就可以使用 break 跳转语句。

2. continue 跳转语句

continue 跳转语句的作用是提前结束某一次循环，然后进入下一次循环。

continue 跳转语句和 break 跳转语句的区别是：continue 跳转语句提前结束某次循环，并不意味着整个循环结束；而 break 跳转语句则会提前结束整个循环。

3. pass 语句

pass 语句是一个空语句，它不做任何操作，代表一个空操作。pass 语句适用于语法上需要一个语句却什么都不做的情况，相当于一个占位符。

4. else 语句

无论是 while 循环还是 for 循环，其后都可以紧跟一个 else 语句，格式如下。

```
for...
else...
```

或者:

```
while...
esle...
```

如果循环正常结束，则运行 else 语句。如果循环异常结束（例如运行了 break 跳转语句），则不运行 else 语句。

4.1.4 循环语句的嵌套

循环语句也可以嵌套，即在一个循环体内包含另一个完整的循环结构。循环语句的嵌套也称为多重循环，while 循环和 for 循环可以互相嵌套，例如:

```
for i in range(5):              #外部 for 语句
    for j in range(10):         #内部 for 语句，也是外部 for 语句的循环体
        print("*",end="")       #内部 for 语句的循环体
    print()                     #外部 for 语句的循环体
```

这是一个典型的双重循环。外部 for 语句的循环体含有一个 for 语句和 print()语句。

对于一条循环语句来说，不管循环体有多复杂，整体上仍视为一条语句，因此以上代码就是一条 for 语句。

4.2　实训内容

实验一　验证性实验

一、实验目的

1. 验证主教材中的典型例题。
2. 理解和掌握循环结构程序的设计方法。
3. 理解和掌握 while、for 等循环语句的运行流程。
4. 理解和掌握循环嵌套的使用方法。

二、实验设备和仪器

1. 计算机。
2. Windows 10 操作系统。
3. IDLE 集成开发环境。

三、实验内容与步骤

（一）调试程序 1

1. 实验内容。

计算 1+2+3+…+100 的值。

2. 程序代码 prog1.py。

```
s=0
n=1
while n<=100:                     #循环条件
    s+=n                         #实现累加求和
    n+=1                         #n 加 1
print("1+2+3+……+99+100=",s)
```

3. 实验步骤。

步骤一：打开 IDLE 主窗口，新建文件，并将其保存为 prog1.py，然后输入程序代码。

步骤二：运行程序。依次选择"Run"→"Run Module"，或者直接按 F5 键，这时会开始运行程序。

步骤三：若程序没有错误，会显示运行结果，如图 4.1 所示。

```
Python 3.5.2 Shell
File Edit Shell Debug Options Window Help
Python 3.5.2 (v3.5.2:4def2a2901a5, Jun 25 2016, 22:01:18) [MSC v.1900 32 bit (In
tel)] on win32
Type "copyright", "credits" or "license()" for more information.
>>>
==================== RESTART: D:\Python第四章实验代码\prog1.py ================
====
1+2+3+……+99+100= 5050
>>>
```

图 4.1　运行结果

（二）调试程序 2

1. 实验内容。

求 $\sin(x)$ 的近似值 $s = x - \dfrac{x^3}{3!} + \dfrac{x^5}{5!} - \dfrac{x^7}{7!} + \cdots + \dfrac{(-1)^{n+1} x^{2n-1}}{(2n-1)!}$，当最后一项的绝对值小于 10^{-6} 时停止计算。其中 x 为弧度，但输入时以角度为单位。

2. 程序代码 prog2.py。

```python
from math import *
i=1
x1=int(input("请输入一个角度:"))              #输入一个角度
x=radians(x1)                                #将角度转化为弧度
s=x
a=x
while fabs(a)>=1e-6:                          #循环条件
    i+=1
    a*=-x*x/(2*i-2)/(2*i-1)                   #求累加项
    s+=a
print("x={0}度,sinx={1}".format(x1,s))
```

3. 实验步骤。

步骤一：打开 IDLE 主窗口，新建文件，并将其保存为 prog2.py，然后输入程序代码。

步骤二：运行程序。依次选择"Run"→"Run Module"，或者直接按 F5 键，这时会开始运行程序。

步骤三：若程序没有错误，则会显示运行结果，如图 4.2 所示。

```
=====
请输入一个角度:30
x=30度,sinx=0.5000000000202799
>>>
```

图 4.2　运行结果

（三）调试程序 3

1. 实验内容。

输入 10 个数，求出其中的最大数与最小数。

2. 程序代码 prog3.py。

```python
x=int(input("请输入 10 个整数\n"))
max=min=x
for i in range(1,10):
    x=int(input())
    if x>max:
        max=x
    elif x<min:
        min=x
print("max={0},min={1}".format(max,min))
```

3. 实验步骤。

步骤一：打开 IDLE 主窗口，新建文件，并将其保存为 prog3.py，然后输入程序代码。

步骤二：运行程序。依次选择"Run"→"Run Module"，或者直接按 F5 键，这时会开始运行程序。

步骤三：若程序没有错误，则会显示运行结果，如图 4.3 所示。

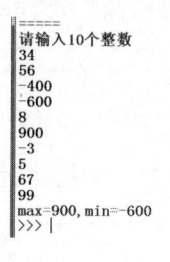

图 4.3　运行结果

（四）调试程序 4

1. 实验内容。

求斐波那契数列的前 30 项。

设待求项为 f，待求项前一项为 f_1，待求项的前两项为 f_2。首先根据 f_1 和 f_2 推出 f，再将 f_1 作为 f_2，将 f 作为 f_1，如此递推下去，递推过程如下。

$$
\begin{array}{cccc}
1 & 1 & 2 & 3 \qquad 5 \\
\end{array}
$$

第一次：f_2 ＋ f_1 → f

第二次：　　　f_2 ＋ f_1 → f

第三次：　　　　　　f_2 ＋ f_1 → f

2. 程序代码 prog4.py。

```python
f1,f2=1,1
print(f1,'\t',f2,end='\t')
for i in range(3,31):
    f=f2+f1
    print(f,end='\t')
    if i%5==0:print()          #一行输出 5 个数
    f2,f1=f1,f                 #更新 f1、f2
```

3. 实验步骤。

步骤一：打开 IDLE 主窗口，新建文件，并将其保存为 prog4.py，然后输入程序代码。

步骤二：运行程序。依次选择"Run"→"Run Module"，或者直接按 F5 键，这时会开始运行程序。

步骤三：若程序没有错误，则会显示运行结果，如图 4.4 所示。

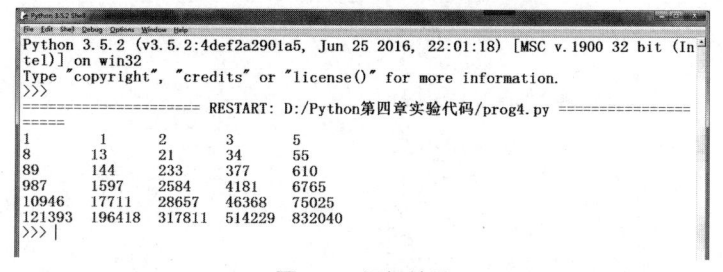

图 4.4　运行结果

（五）调试程序 5

1. 实验内容。

输出 100～200 的全部素数。

程序运行过程可分为以下两步。

（1）判断一个数是否为素数。

（2）将判断一个数是否为素数的程序段，对指定范围内的每一个数都运行一遍，即可求出某个范围内的全部素数。这种方法称为穷举法，也叫枚举法。

2. 程序代码 prog5.py。

```
import math
n=0
for m in range(101,200,2):
    i,j=2,int(math.sqrt(m))
    while i<=j:
        if not(m%i):
            break
        else:
            i=i+1
    else:
        print(m,end=" ")
        n+=1                        #统计素数个数
        if n%10==0:print("\n")      #一行输出 10 个素数
```

3. 实验步骤。

步骤一：打开 IDLE 主窗口，新建文件，并将其保存为 prog5.py，然后输入程序代码。

步骤二：运行程序。依次选择"Run"→"Run Module"，或者直接按 F5 键，这时会开始运行程序。

步骤三：若程序没有错误，则会显示运行结果，如图 4.5 所示。

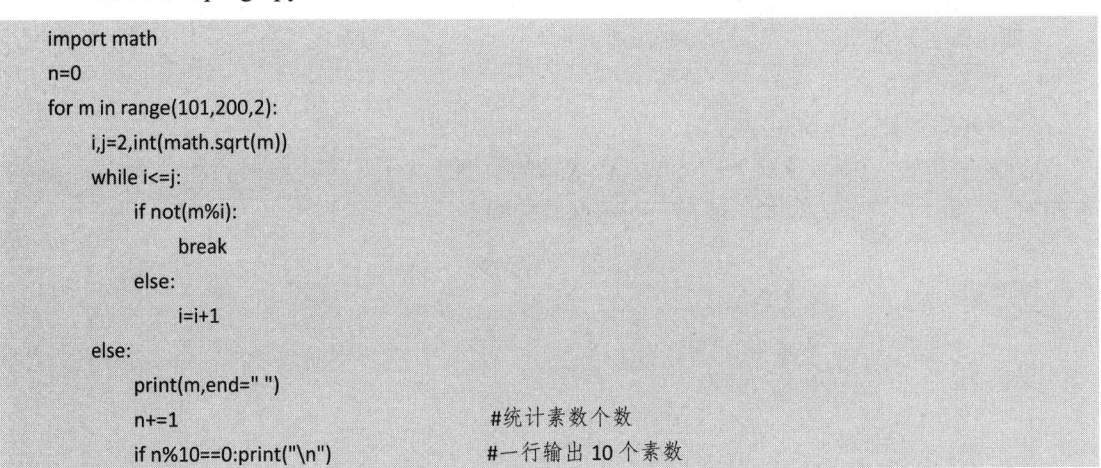

图 4.5　运行结果

四、实验报告要求

1. 写出程序 1 的实验原理与考查知识点。

2. 写出程序 2 的实验原理与考查知识点。

3. 写出程序 3 的实验原理与考查知识点。

4. 写出程序 4 的实验原理与考查知识点。

5. 写出程序 5 的实验原理与考查知识点。

实验二　启发性实验 1

一、实验目的

1. 掌握程序设计与调试的方法。
2. 掌握循环结构程序的填空方法。
3. 掌握循环结构程序的改错技巧。
4. 掌握循环结构程序的编程能力。

二、实验设备和仪器

1. 计算机。
2. Windows 10 操作系统。
3. IDLE 集成开发环境。

三、实验内容与步骤

（一）填空题 1

1. 实验内容。

求 $1+\dfrac{1}{6}+\dfrac{1}{11}+\cdots+\dfrac{1}{1+5n}+\cdots+\dfrac{1}{1+500}$。

2. 程序代码 prog6.py。

```
sum=____1____
for i in range(101):
    sum=sum+____2____
print("数列的和的结果为",sum)
```

请在横线处填入正确的内容，使程序得出正确的结果。注意：不得增行或删行，也不得更改程序的结构！

运行结果如图 4.6 所示。

```
Python 3.5.2 (v3.5.2:4def2a2901a5, Jun 25 2016, 22:01:18) [MSC v.1900 32 bit (Intel)] on win32
Type "copyright", "credits" or "license()" for more information.
>>>
==================== RESTART: D:\Python第四章实验代码\prog6填空后.py ============
数列的和的结果为 1.9802379610371916
>>>
```

图 4.6　运行结果

（二）填空题 2

1. 实验内容。

输入一个整数，计算并输出各位数之和。例如 n 为 5923，则输出 19；若 n 为 123，则输出 6。

2. 程序代码 prog7.py。

```
n=int(input("请输入一个整数:"))
s=0
```

```
while____1___:
    num=n%10
    s=____2___
    n=n//10
print("数字之和为",s)
```

用 2 组数据验证修改后的程序，第 1 组数据为 5923，运行结果如图 4.7 所示。

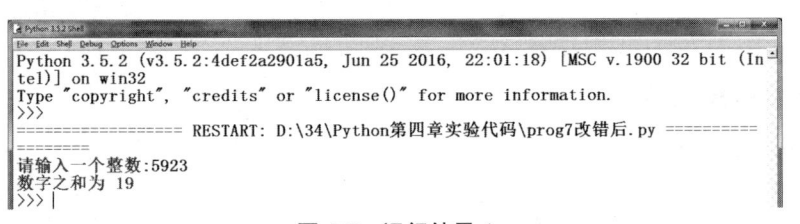

图 4.7　运行结果 1

第 2 组数据为 123，运行结果如图 4.8 所示。

图 4.8　运行结果 2

（三）编程题 1

1. 猜数字游戏。预设一个 0～9 的整数（例如 7），让用户通过键盘输入一个数，如果大于预设的数，显示"你猜的数字大于正确答案"；如果小于预设的数，显示"你猜的数字小于正确答案"；如此循环，直至猜中该数，显示"你猜了 N 次，猜对了，真厉害"，其中 N 是用户输入数字的次数。

2. 程序代码 prog8.py。

```
guess=0          #输入的数字
secret=7         #预设的数字
times=1          #猜数字的次数
print("-------欢迎参加猜数字游戏，请开始-------")
#将下面的代码补充完整
...
...
#请在...处用一行或多行代码替换
#注意：提示框架的代码可以任意修改，以完成程序功能为准
```

用以下 3 组数据验证程序。

```
6
8
7
```

运行结果如图 4.9 所示。

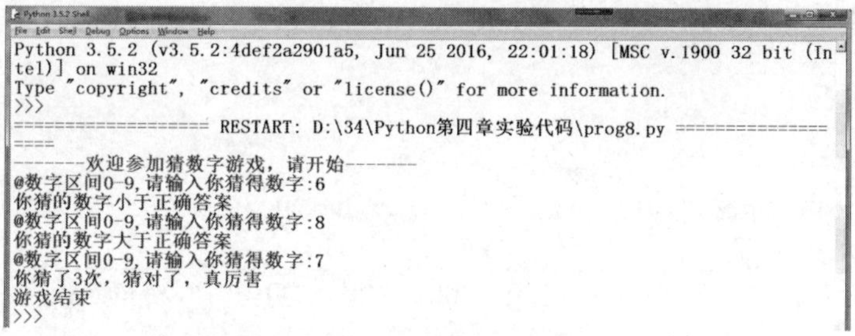

图 4.9　运行结果

（四）编程题 2

1. 改编猜数字游戏，让计算机随机产生一个预设数字（0～100），其他游戏规则不变。

2. 程序代码 prog9.py。

```
guess=0          #输入的数字
times=1          #猜数字的次数
#将下面的代码补充完整
…
…
#请在…处用一行或多行代码替换
#注意：提示框架的代码可以任意修改，以完成程序功能为准
```

运行结果如图 4.10 所示。

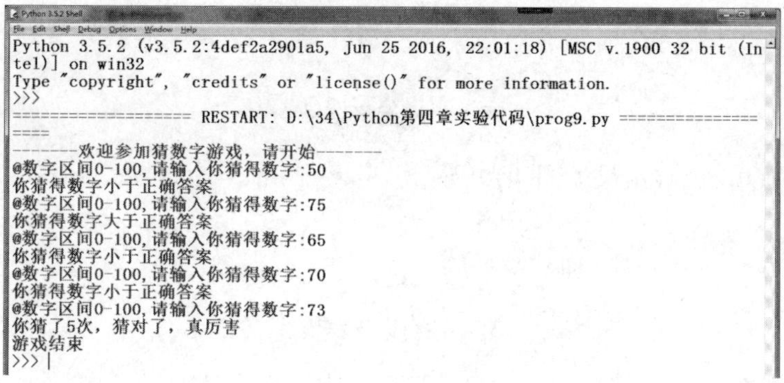

图 4.10　运行结果

实验三　启发性实验 2

一、实验目的

1. 进一步掌握 Python 程序设计与调试的方法。
2. 熟悉循环结构的设计方法。
3. 熟练掌握循环嵌套的使用方法。

二、实验设备和仪器

1. 计算机。
2. Windows 10 操作系统。
3. IDLE 集成开发环境。

三、实验内容与步骤

(一)填空题 1

1. 实验内容。

输入 m，计算以下公式的值。

$$y = \frac{1}{100 \times 100} + \frac{1}{200 \times 200} + \frac{1}{300 \times 300} + \cdots + \frac{1}{m \times m}$$

2. 程序代码 prog10.py。

```
y = 0
i=100
m=int(input("请输入一个整数"))
while ____1____:
    d = i * i
    y = y+___2____
    i=i+100
print("The result is ",___3___)
```

请在横线处填入正确的内容，使程序得出正确的结果。注意：不得增行或删行，也不得更改程序的结构！

完善程序后，分别用数据 2000、5000 验证程序。

输入数据 2000，运行结果如图 4.11 所示。

```
请输入一个整数2000
The result is  0.0001596163243913023
>>>
```

图 4.11　运行结果 1

输入数据 5000，运行结果如图 4.12 所示。

```
请输入一个整数5000
The result is  0.0001625132733621529
>>>
```

图 4.12　运行结果 2

(二)填空题 2

1.实验内容。

求两个数的最大公约数。

2. 程序代码 prog11.py。

```
a,b=eval(input("请输入两个整数:"))
if a<b:a,b=b,a
r=a % b
while _____1_____:
    a,b=b,r
    r=___2____
print("最大公约数是",___3____)
```

请在横线处填入正确的内容，使程序得出正确的结果。注意：不得增行或删行，也不得更改程序的结构！

用下列数据验证修改后的程序。

```
24, 36
35, 48
```

运行结果如图 4.13 所示。

```
请输入两个整数:24,36
最大公约数是 12
>>>
================ RESTART: D:\34\Python第四章实验代码\prog11改错后.py ==========
========
请输入两个整数:35,48
最大公约数是 1
>>> |
```

图 4.13　运行结果

（三）编程题 1

1. 编写程序，解决"百马百担"问题。

1 匹大马能驮 3 担货，1 匹中马能驮 2 担货，2 匹小马能驮 1 担货。如果用 100 匹马驮 100 担货，问有大、中、小马各几匹？

2. 程序代码 prog12.py。

```
for a in range(34):
    for b in range(51):
        for c in range(100):
#将下面的代码补充完整
...
...
#请在...处用一行或多行代码替换
#注意：提示框架的代码可以任意修改，以完成程序功能为准
```

运行结果如图 4.14 所示。

```
大马 2  匹，中马30 匹，小马68 匹
大马 5  匹，中马25 匹，小马70 匹
大马 8  匹，中马20 匹，小马72 匹
大马 11 匹，中马15 匹，小马74 匹
大马 14 匹，中马10 匹，小马76 匹
大马 17 匹，中马5  匹，小马78 匹
大马 20 匹，中马0  匹，小马80 匹
```

图 4.14　运行结果

（四）编程题 2

1. 继续改编猜数字游戏，让计算机随机产生一个预设数字（0～100），并且只给六次猜的机会，每次输出时提醒剩下的次数，其他游戏规则不变。

2. 程序代码 prog13.py。

```
guess=0         #输入的数字
times=1         #猜数字的次数
#将下面的代码补充完整
...
...
#请在...处用一行或多行代码替换
```

运行补充完整后的程序，结果如图 4.15 所示。

```
-------欢迎参加猜数字游戏，请开始-------
@数字区间0-100,请输入你猜得数字:50
你猜得数字大于正确答案
还剩下5次机会
@数字区间0-100,请输入你猜得数字:25
你猜得数字大于正确答案
还剩下4次机会
@数字区间0-100,请输入你猜得数字:12
你猜得数字小于正确答案
还剩下3次机会
@数字区间0-100,请输入你猜得数字:18
你猜得数字大于正确答案
还剩下2次机会
@数字区间0-100,请输入你猜得数字:15
你猜了5次，猜对了，真厉害
游戏结束
>>>
```

图 4.15　运行结果

实验四　设计性实验

一、实验目的

1. 进一步掌握 Python 程序设计与调试的方法。
2. 熟练使用 Python 语言的各种表达式。
3. 熟悉循环结构的设计方法。

二、实验设备和仪器

1. 计算机。
2. Windows 10 操作系统。
3. IDLE 集成开发环境。

三、实验内容

1. 一个球从 100 米高处自由落下，每次落地后反弹回原高度的一半，再落下。求它在第 n 次落地时，共经过多少米？

2. 一张纸的厚度大约是 0.08mm，对折多少次后能达到珠穆朗玛峰的高度（8848.86m）？

3. 将一张 100 元面值的人民币兑换为 10 元、5 元、1 元和 5 角的零钱，要求不超过 40 张，每种至少一张，求出所有兑换方案。

4. 有一对兔子，从出生后第 3 个月起每个月都生一对小兔子，小兔子长到第 3 个月后每个月又生一对小兔子。假设兔子都不死，问 n 个月后兔子总数为多少？

5. 编写程序，计算并输出给定整数的所有因数之和。例如 n 为 856，则输出 763。

6. 编写程序输出以下内容。

```
1
1 2 1
1 2 4 2 1
1 2 4 8 4 2 1
1 2 4 8 16 8 4 2 1
1 2 4 8 16 32 64 32 16 8 4 2 1
1 2 4 8 16 32 64 128 64 32 16 8 4 2 1
```

4.3　课后习题

一、选择题

1. 以下保留字中不属于分支结构或循环结构的是（　　）。

A. while B. do C. elif D. for

2. 设有以下程序段。

```
k=10
while k:
    k=k-1
    print(k)
```

则下列描述中正确的是（　　）。

A. while 循环运行 10 次 B. 是无限循环

C. 循环体语句一次也不运行 D. 循环体语句运行 1 次

3. 以下 while 语句中的表达式"not E"等价于（　　）。

```
while not E:
    pass
```

A. E==0 B. E!=1 C. E!=0 D. E==1

4. 有以下程序段。

```
n=0
p=0
while p!=100 and n<3:
    p=int(input())
    n+=1
```

while 循环结束的条件是（　　）。

A. P 不等于 100 并且 n 小于 3

B. P 等于 100 并且 n 大于或等于 3

C. P 不等于 100 或者 n 小于 3

D. P 等于 100 或者 n 大于或等于 3

5. 给出如下代码。

```
while True:
    guess=eval(input())
    if guess==0x452//2:
        break
```

能结束程序的输入信息是（　　）。

A. ox452 B. break C. 553 D. "Ox452//2"

6. 以下代码的输出结果是（　　）。

```
x=10
while x:
```

```
x-=1
if x%2:
    print(x,end='')
else:
    pass
```

  A. 86420   B. 975311   C. 9753   D. 864200

7. 以下能构成 Python 循环结构的是（ ）。

A. while 语句   B. loop 语句

C. if 语句   D. do…for 语句

8. 关于 while 语句和 for 语句的区别，下列叙述中正确的是（ ）。

A. while 语句的循环体至少会无条件运行一次，for 语句的循环体有可能一次都不运行

B. while 语句只能用于循环次数未知的循环，for 语句只能用于循环次数已知的循环

C. 在很多情况下，while 语句和 for 语句可以等价使用

D. while 语句只能用于循环次数已知的循环，for 语句可以用任意表达式表示条件

9. 在 Python 语言中，使用 for…in…方式形成的循环不能遍历的类型是（ ）。

A. 列表   B. 复数   C. 字符串   D. 字典

10. 以下 for 语句中，不能完成 1～10 累加功能的是（ ）。

  A.

```
sum=0
for i in range(10,0):sum+=i
```

  B.

```
sum=0
for i in range(1,11):sum+=i
```

  C.

```
sum=0
for i in range(10,0,-1):sum+=i
```

  D.

```
sum=0
for i in (10,9,8,7,6,5,4,3,2,1):sum+=i
```

  11. 下列不符合程序空白处的语法要求的是（ ）。

```
for var in _____ :
    print(var)
```

  A. range(0,10)   B. "Hello"   C. (1,2,3)   D. 5

  12. Python 循环体的运行次数与其他不同的是（ ）。

  A.   B.

```
i=0                          i=10
while i<=10:                  while i>0:
    print(i)                     print(i)
    i+=1                         i-=1
```

C. 　　　　　　　　　　　　　　　　　D.

```
for i in range(10):                    for i in range(10,0,-1):
    print(i)                               print(i)
```

13. 关于下列 for 循环的叙述中正确的是（　　　）。

```
for t in range(1,11):
    x=int(input())
    if x<0:
        continue
    print(x)
```

A. 当 x<0 时循环结束　　　　　　　　B. x≥0 时什么也不输出
C. print()函数永远也不运行　　　　　D. 最多输出 10 个非负整数

14. 以下代码的输出结果是（　　　）。

```
for s in "HelloWorld":
    if s=="W":
        continue
    print(s,end="")
```

A. World　　　　　　B. Hello　　　　　　C. Helloorld　　　　D. HelloWorld

15. 以下代码的输出结果是（　　　）。

```
s=1
n=5
for i in range(1,n+1):
    s=s*i
print("{}!={}".format(n,s))
```

A. 5!=120　　　　　　B. 120　　　　　　C. 51　　　　　　D. 5

16. 以下代码的输出结果是（　　　）。

```
for i in range(1,6):
    if i%4==0:
        continue
    else:
        print(i,end=",")
```

A. 1,2,3　　　　　　B. 1,2,3,4　　　　　C. 1,2,3,5　　　　D. 1,2,3,5,6

17. 以下代码的输出结果是（　　　）。

```
for s in "grandfather":
    if s=="d"or s=="h":
        continue
    print(s,end="")
```

A. grandfather　　　　B. granfater　　　　C. grand　　　　D. father

18. 以下代码的输出结果是（　　　）。

```
for s in "PythonNCRE":
```

```
    if s=="N":
        break
    print(s,end="")
```

A. PythonCRE   B. N

C. Python   D. PythonNCRE

19. 以下代码的输出结果是（   ）。

```
for i in range(0,10,2):
    print(i,end=" ")
```

A. 0 2 4 6 8   B. 2 4 6 8

C. 0 2 4 6 8 10   D. 2 4 6 8 10

20. 以下代码的输出结果是（   ）。

```
for i in reversed(range(7,4,-1)):
    print(i,end="")
```

A. 7654   B. 765   C. 567   D. 4567

21. 以下代码的输出结果是（   ）。

```
for i in "Go ahead bravely!":
    if i=="b":
        break
    else:
        print(i,end="")
```

A. Go ahead ravely!   B. bravely!

C. Go ahead bravely!   D. Go ahead

22.以下代码的输出结果是（   ）。

```
for i in "ABCDDD":
    if i=='D':
        continue
    print(i,end="")
```

A. ABC   B. ABCDD

C. ABCD   D. ABCDDD

23. 下列说法中正确的是（   ）。

A. break 跳转语句用在 for 循环中，而 continue 跳转语句用在 while 循环中

B. break 跳转语句用在 while 循环中，而 continue 跳转语句用在 for 循环中

C. continue 跳转语句能结束循环，而 break 跳转语句只能结束本次循环

D. break 跳转语句能结束循环，而 continue 跳转语句只能结束本次循环

24. 关于 Python 循环结构，下列叙述中错误的是（   ）。

A. while 循环使用关键字 continue 结束本次循环

B. while 循环可以使用保留字 break 和 continue

C. while 循环一定会死循环

D. while 循环使用 pass 语句时，什么事也不做，只是占位语句

25. 关于 Python 循环结构，下列叙述中错误的是（　　）。

A. break 跳转语句用来结束当前语句，但不跳出当前循环

B. 遍历循环中的遍历结构可以是字符串、文件、组合数据类型和 range()函数等

C. Python 通过 for、while 等保留字构建循环结构

D. continue 跳转语句只结束本次循环

26. 关于循环结构，下列叙述中错误的是（　　）。

A. while 循环只能用来实现无限循环

B. 所有 for 循环都可以用 while 循环改写

C. 保留字 break 可以终止一个循环

D. continue 跳转语句可以终止后续代码的运行，从循环的开头重新运行

27. 下列代码的输出结果是（　　）。

```
for i in "PYTHON":
    for j in range(2):
        print(i,end='')
        if i=="H":
            break
```

A. PPYYTTHHOONN　　　　　　　　B. PPYYTTONN

C. PPYYTTHOONN　　　　　　　　　D. PPYYTTH

28. 下列代码的输出结果是（　　）。

```
for i in range(1,3):
    for j in range(2,5):
        print(i*j,end="")
```

A. 234468　　　　　　B. 23446　　　　　　C. 8　　　　　　D. 23468

29. 不能使下列代码结束的输入信息是（　　）

```
while True:
    inp=eval(input())
    if inp//3:
        break
```

A. 2　　　　　　B. 3　　　　　　C. 4　　　　　　D. 5

30. 下列代码的输出结果是（　　）。

```
for x in   range(2,8):
    y=0
    y+=x
print(y)
```

A. 27　　　　　　B. 7　　　　　　C. 8　　　　　　D. 35

二、填空题

1. 当循环结构的循环体由多个语句构成时，必须用＿＿＿＿＿＿的方式组成一个语句块。

2. for i in range(3):print(i, end=',')的输出结果为_____。

3. 对于带有 else 子句的 for 循环和 while 循环，当循环条件不成立而结束循环时_____(会/不会)运行 else 子句。

4. 循环语句 for i in range(1,5,2): print(i)的循环次数是____。

5. 循环语句 for i in range(-3,21,4): print(i)的循环次数是____。

6. 要使语句 for i in range(_____,-4,-2):print(i)循环 15 次，则横线处应填____。

7. 下列程序的输出结果是____。

```
for i in range(1,5) : pass
print(i)
```

8. 一个循环结构的循环体中又包括一个循环结构，称为_____或_____结构。

9. 遍历字符串"PythonNice!"，遇到字符"i"时，结束遍历，输出字符"i"之前的字符串。请添加代码，将程序补充完整。

```
for s in "PythonNice!":
    ___1___ s=="i":
        ___2___
    print(s, end="")
```

10. $e=1+1/1!+1/2!+1/3!+\cdots+1/n!+\cdots$。根据该公式计算 e 的近似值，请添加适当的代码，将程序补充完整。

```
n=int(input("请输入 n:"))
___1___
x=1
for i in range (1, n+1):
    x=___2___
    s+=1/x
print("e=", s)
```

三、程序阅读题

1. 下列程序的输出结果是_____，其中 while 循环运行了_____次。

```
i=-1
while i<0:
    i*=i
print(i)
```

2. while 循环的循环次数是_____。

```
i=0
while i<10:
    if i<1:continue
    if i==5:break
    i+=1
print(i)
```

3. 运行下列程序后，k 的值是_____。

```
k=1
n=263
while n:
    k*=n%10
    n//=10
print(k)
```

4. 下列程序的输出结果是_____。

```
s=10
for i in range(1,6):
    while True:
        if i%2==1:
            break
        else:
            s-=1
            break
print(s)
```

5. 下列程序的输出结果是_____。

```
for i in range(-3,4):
    if i<0:
        print(1,end="")
    elif i>0:
        print(2,end="")
    else:
        print(3,end="")
```

6. 下列程序的输出结果是_____。

```
for m in '想念':
    for n in '家人':
        print(m+n)
```

7. 下列程序的输出结果是_____。

```
s=1
for i in range(1,11):
    s+=i
print(s)
```

8. 下列程序的输出结果是_____。

```
s=0
for c in range(2):
    for j in range(3):
        s+=c+j
print(s)
```

9. 下列程序的输出结果是_____。

```
for i in "miss":
    for j in range(3):
        print(i, end='')
        if i=="i":
            break
```

10. 下列程序的输出结果是_____。

```
i=0
while i<10:
    if i<1:
        print("Python",end=' ')
    if i==5:
        print("World",end=' ')
        break
    i+=1
print(i)
```

四、编程题

1. 编写一个程序，程序的功能是：输入一个整数 m，输出 $1 \sim m$ 的能被 7 或 11 整除的所有整数，并计算这些整数的个数。例如，如果 m 为 50，则输出 7、11、14、21、22、28、33、35、42、44、49，共 11 个数。

2. 计算 100～1000 范围内有多少整数的各位数字之和是 5。

3. 编写程序，输入整数 n（$n \le 10$），输出 1+3+5+7+⋯（前 n 项）。

4. 编写程序，输出 n 阶杨辉三角，示例运行结果如下。

```
请输入正整数 n:5
1
1 1
1 2 1
1 3 3 1
1 4 6 4 1
```

5. 打印 100～999 的所有满足条件的数。条件为：这个数等于其个位数字、十位数字、百位数字的立方和，例如 $153=1^3+5^3+3^3$。

第 5 章　组合数据类型

5.1　知识要点回顾

5.1.1　字符串类型及其操作

1. 字符串类型的表示

字符串是由 0 个或多个字符组成的有序字符序列，可以对其中的字符进行索引。单行字符串用一对单引号或一对双引号表示，多行字符串用三个单引号或三个双引号表示。

2. 字符串的索引和切片

字符串的索引有两种：正向索引和反向索引。正向索引从左往右编号，反向索引从右往左编号。

字符串的切片：从字符串中取出指定范围、步长的部分字符，格式如下。

字符串 [M: N: K]

3. 字符串操作符

（1）x+y：连接两个字符串 x 和 y。

（2）n*x 或 x*n：复制 n 次字符串 x。

（3）x in s：如果 x 是 s 的子串，返回 True，否则返回 False。

（4）关系运算：Python 中的关系运算符（<、<=、>、>=、==、!=）也可以用于字符串，只有 True 和 False 两种结果。

4. 字符串处理函数

（1）len(x)：返回字符串 x 的长度。

（2）str(x)：返回 x 对应的字符串。

（3）chr(u)：u 为 Unicode 编码，返回其对应的字符。

（4）ord(x)：x 为字符，返回其对应的 Unicode 编码。

5. 字符串的常用处理方法

（1）str.lower()或 str.upper()：返回字符串的副本，全部字符小写/大写。

（2）str.split(sep=None)：返回一个列表。

（3）str.count(sub)：返回子串 sub 在 str 中出现的次数。

（4）str.replace(old, new)：返回字符串 str 的副本，所有 old 子串被替换为 new 子串。

（5）str.center(width[,fillchar])：字符串 str 根据宽度 width 居中，fillchar 可选。

（6）str.strip(chars)：从 str 中去掉在其左侧和右侧 chars 中列出的字符。

（7）str.join(iter)：在 iter 变量除最后一个元素外的每个元素后面增加一个 str。

6. 字符串格式化处理

格式化是对字符串进行格式表达的方式，字符串格式化使用 format()方法，用法如下。

```
<模板字符串>.format(<逗号分隔的参数>)
```

5.1.2　序列的通用操作

Python 中典型的序列类型包括字符串（str）、列表（list）和元组（tuple），序列的通用操作符和函数如表 5.1 所示。

表 5.1　序列的通用操作符和函数

操作符和函数	功能描述
s[i]	i 为索引，返回序列 s 中索引为 i 的元素
s[i:j]	切片，返回包含第 i+1 项到第 j 项元素的子序列
s[i:j:k]	切片，返回包含第 i+1 项到第 j 项元素且步长为 k 的子序列
s+t	连接 s 和 t (s 和 t 是同类型的序列)
s*n 或 n*s	将序列 s 复制 n 次
x in s	如果 x 是 s 的元素，返回 True，否则返回 False
x not in s	如果 x 不是 s 的元素，返回 True，否则返回 False
len(s)	返回序列 s 的元素个数
min(s)	返回序列 s 的最小元素
max(s)	返回序列 s 的最大元素
s.index(x[,i[,j]])	返回序列 s 中第 i+1 项到第 j 项元素中第一次出现元素 x 的位置
s.count(x)	返回序列 s 中元素 x 的出现次数

5.1.3　列表

1. 列表的表示

列表是有序、可变的序列，列表的所有元素放在一对中括号中，并用逗号分隔。在 Python 中，一个列表中的数据类型可以各不相同，可以同时有整数、字符串等基本类型，甚至列表、元组、字典、集合以及其他自定义类型。

2. 列表的专有操作

列表的专有操作如表 5.2 所示。

表 5.2　列表的专有操作

函数或方法	功能描述
ls[i]=x	将列表 ls 第 i+1 项元素的值赋为 x
ls[i:j:k]=lst	用列表 lst 替换列表 ls 中第 i+1 项到第 j 项且步长为 k 的元素
del ls	删除列表 ls
del ls[i]	删除列表 ls 的第 i+1 项元素
del ls[i:j:k]	删除列表 ls 第 i+1 项到第 j 项且步长为 k 的元素
ls+=lst 或 ls.extend(lst)	将列表 lst 的元素追加到列表 ls 末尾
ls*=n	更新列表 ls,使其元素重复 n 次
ls.append(x)	把 x 追加到列表末尾
ls.clear()	删除列表 ls 中的所有元素
ls.copy()	生成一个新列表,复制 ls 中的所有元素
ls.insert(i,x)	在列表 ls 的第 i+1 项处增加新元素 x
ls.pop(i)	返回列表 ls 的第 i+1 项元素并删除该元素,默认删除最后一个元素
ls.remove(x)	将列表 ls 中第一个出现的元素 x 删除
ls.reverse()	反转列表 ls 中的元素
ls.sort(key=None,reverse=False)	默认将列表 ls 中的元素升序排列,reverse=True 表示降序排列
内置函数 sorted(ls[,reverse=False])	返回列表 ls 升序排列后生成的新列表,原列表 ls 不变, reverse=True 表示降序排列

3. 遍历列表

遍历列表可以逐个处理列表中的元素,通常使用 for 循环或 while 循环来实现。用 for 循环遍历列表的格式如下。

```
for 变量名 in 列表名:
    语句块
```

4. 列表推导式

列表推导式可以利用元组、列表、字典、集合等数据类型,快速生成一个满足条件的列表,语法格式如下。

```
[表达式 for 迭代变量 in 迭代对象 [if 条件表达式]]
```

其中[if 条件表达式]可省略。

5. 二维列表

二维列表中的每个元素仍然是列表,可以采用多级索引获取信息。

5.1.4 元组

1. 元组的表示

元组是有序、不可变的序列，元组中的元素放在一对圆括号中。

2. 元组的操作

（1）元组的创建：使用"="可以将元组赋给变量。
（2）元组的删除：当创建的元组不再使用时，可以使用 del 命令将其删除。
（3）访问元组的元素：可以使用索引或切片访问元组的元素。
（4）元组的内置函数：len()、max()、min()、sum()等。

3. 元组与列表的转换

元组和列表可以通过 list()函数和 tuple()函数相互转换。

5.1.5 字典

1. 字典的创建

创建字典的一般格式为：

字典名={[关键字 1:值 1[,关键字 2:值 2,...,关键字 n:值 n]]}

2. 字典的常用方法

Python 内置了一些字典的常用方法，如表 5.3 所示，其中 dict1 为字典名，key 为键，value 为值。

表 5.3　字典的常用方法

方法	功能描述
dict1.keys()	返回所有键
dict1.values()	返回所有值
dict1.items()	返回所有键值对
dict1.get(key,default)	如果键存在则返回相应的值，否则返回 default 参数的值（默认值为 None）
dict1.pop(key,default)	如果键存在则返回相应的值，并删除键值对，否则返回 default 参数的值
dict1.popitem()	随机从字典中取出一个键值对，以元组的形式返回
dict1.clear()	删除所有键值对
del dict1[key]	删除关键字 key 对应的元素
key in dict1	如果键在字典中，返回 True，否则返回 False
dict2=dict1.copy()	复制一个包括 dict1 的所有键值对的新字典
dict1.update(dict2)	用 dict2 更新 dict1

5.1.6　集合

1. 集合的表示

集合是无序、可变的序列，集合中的元素存放在大括号里，并且元素不可重复，集合中的每一个元素都是唯一的。集合只能包含数字、字符串、元组等不可变数据类型，不能包含列表、字典以及集合等可变数据类型。

2. 集合的创建

在 Python 中，创建集合有两种方式，一种是用一对大括号将多个用逗号分隔的数据括起来，另一种是使用 set()函数。

3. 集合的常用方法

集合的常用方法如表 5.4 所示。

表 5.4　集合的常用方法

方法	功能描述
s.add(x)	若 x 不在集合 s 中，则将 x 添加到 s 中
s.clear()	移除集合 s 中的所有元素
s.copy()	复制集合，返回集合 s 的一个副本
s.pop()	随机返回并删除一个元素，s 为空时产生 KeyError 异常
s.discard(x)	若 x 在集合 s 中，删除该元素；x 不存在时，不产生异常
s.remove(x)	若 x 在集合 s 中，删除该元素；x 不存在时，产生 KeyError 异常
s.isdisjoint(t)	若集合 s 和 t 没有相同元素，返回 True，否则返回 False
len(s)	返回集合 s 的元素个数
x in s	若 x 是 s 的元素，返回 True，否则返回 False
x not in s	若 x 不是 s 的元素，返回 True，否则返回 False

5.2　实训内容

实验一　验证性实验

一、实验目的

1. 验证主教材中的典型例题。
2. 掌握字符串切片访问方式。
3. 掌握字符串的常用函数。
4. 了解序列的基本概念。
5. 掌握序列索引方法。
6. 掌握列表的创建和使用方法。
7. 掌握字典的创建和使用方法。

二、实验设备和仪器

1. 计算机。

2. Windows 10 操作系统。

3. IDLE 集成开发环境。

三、实验内容与步骤

（一）调试程序 1

1. 实验内容。

输入几个数字，求这些数字之和。

2. 程序代码 prog1.py。

```python
s=input('请输入几个数字（用逗号分隔）')
m=s.split(',')
print(m)
sum=0
for x in m:
    sum+=float(x)
print('sum=',sum)
```

3. 实验步骤。

步骤一：在 D 盘的根目录下创建一个以学号命名的文件夹，例如 D:\20131001。

步骤二：打开 IDLE，新建 prog1.py 文件，并输入程序代码。

步骤三：选择"Run"菜单下的"Run Module"命令（或按 F5 键）运行程序。

步骤四：在程序的运行界面中输入"11,45,2.3,55"，程序运行结果如图 5.1 所示。

```
Python 3.5.3 Shell
File  Edit  Shell  Debug  Options  Window  Help
Python 3.5.3 (v3.5.3:1880cb95a742, Jan 16 2017, 15:51:26) [MSC v.19(
tel)] on win32
Type "copyright", "credits" or "license()" for more information.
>>>
================== RESTART: C:\KSWJJ\66000001\PY301-1.py ==========
请输入几个数字（用逗号分隔）11,45,2.3,55
['11', '45', '2.3', '55']
sum= 113.3
>>>
```

图 5.1　程序运行结果

步骤五：保存"prog1.py"文件，依次选择"文件"→"关闭"选项，退出应用程序。

（二）调试程序 2

1. 实验内容。

将输入的字符串进行处理，将每个英文字母加 5，其他字符原样输出，例如"A"→"F"，"a"→"f"，"W"→"B"；输入"I love Python!"，则输出"N qtaj Udymts!"

2. 程序代码 prog2.py。

```python
string1=input('请输入一个字符串：')
string2=""
for c1 in string1:
    if c1.isalpha():
        i=ord(c1)
        j=i+5
```

```
        if (j>ord("z") or (j>ord("Z") and j<ord("Z")+6)):
                j-=26
            c2=chr(j)
            string2+=c2
        else:
            string2+=c1
print(string2)
```

3. 实验步骤。

步骤一：在 D 盘的根目录下创建一个以学号命名的文件夹，例如 D:\20131001。

步骤二：打开 IDLE，新建 prog2.py 文件，输入程序代码。

步骤三：选择"Run"菜单下的"Run Module"命令（或按 F5 键）运行程序。

步骤四：在程序的运行界面中输入字符串"I love Python!"，程序运行结果如图 5.2 所示。

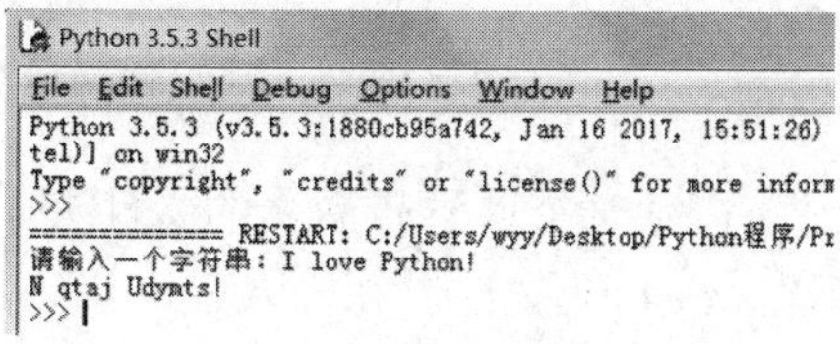

图 5.2　程序运行结果

（三）调试程序 3

1. 实验内容。

编写程序，生成一个包含 20 个 0～100 的随机整数的列表，然后对索引为偶数的元素进行降序排列，其他元素保持不变（提示：使用切片）。

2. 程序源代码 prog3.py。

```
import random
list1=[random.randint(0,100) for i in range(20)]
print(list1)
list2=list1[::2]
list2.sort(reverse=True)
list1[::2]=list2
print(list1)
```

3. 实验步骤。

步骤一：在 D 盘的根目录下创建一个以学号命名的文件夹，例如 D:\20131001。

步骤二：打开 IDLE，新建 prog3.py 文件，并输入程序代码。

步骤三：选择"Run"菜单下的"Run Module"命令（或按 F5 键）运行程序。

程序运行结果如图 5.3 所示。

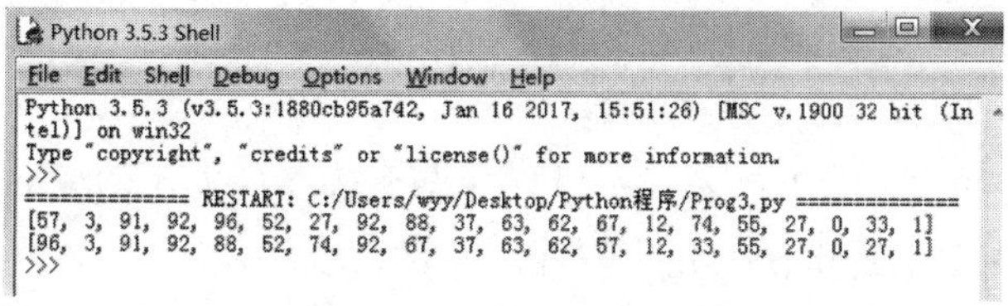

图 5.3　程序运行结果

（四）调试程序 4

1. 实验内容。

求 3～100 的所有素数，在 list1 列表中输出并统计素数个数。

2. 程序代码 prog4.py。

```python
import math
list1=[]
for i in range(3,101):
    for j in range (2,i):
        if i%j==0:
            break
    else:
        list1.append(i)
print(list1)
print(len(list1))
```

3. 实验步骤。

步骤一：在 D 盘的根目录下创建一个以学号命名的文件夹，例如 D:\20131001。

步骤二：打开 IDLE，新建 prog4.py 文件，并输入程序代码。

步骤三：选择"Run"菜单下的"Run Module"命令（或按 F5 键）运行程序。
程序运行结果如图 5.4 所示。

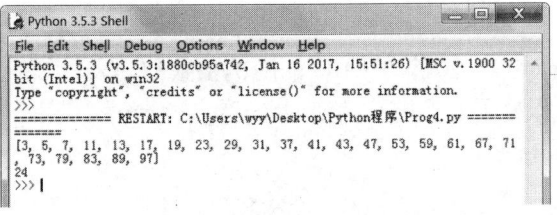

图 5.4　程序运行结果

（五）调试程序 5

1. 实验内容。

创建一个字典，输入一个数字（1～7），输出是星期几，输入其他数字则输出"Error"。
例如输入"1"则显示"Monday"，输入"7"则显示"Sunday"。

2. 程序代码 prog5.py。

```python
dict1 = {'1': 'Monday','2': 'Tuesday','3': 'Wednesday','4': 'Thursday','5': 'Friday','6': 'Saturday','7': 'Sunday'}
s = input('请输入数字 1～7:')
if s in dict1:
    print(dict1[s])
else:
    print('Error')
```

3. 实验步骤。

步骤一：在 D 盘的根目录下创建一个以学号命名的文件夹，例如 D:\20131001。

步骤二：打开 IDLE，新建 prog5.py 文件，并输入程序代码。

步骤三：选择"Run"菜单下的"Run Module"命令（或按 F5 键）运行程序。

步骤四：输入数字 5，则显示"Friday"，程序运行结果如图 5.5 所示。

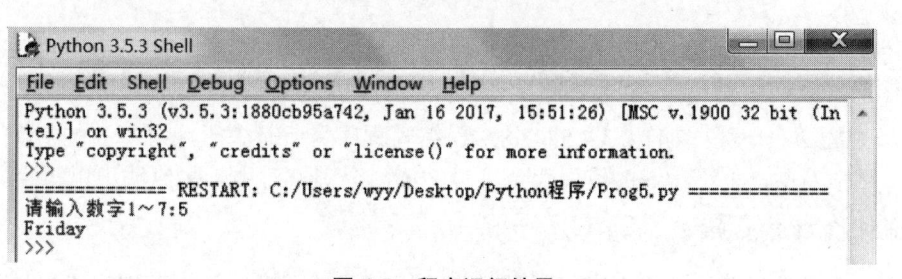

图 5.5　程序运行结果

四、实验报告要求

1. 写出程序 1 的实验原理与考查知识点。

2. 写出程序 2 的实验原理与考查知识点。

3. 写出程序 3 的实验原理与考查知识点。

4. 写出程序 4 的实验原理与考查知识点。

5. 写出程序 5 的实验原理与考查知识点。

6. 写出在程序调试过程中遇到的问题和解决方法。

实验二　启发性实验 1

一、实验目的

1. 掌握组合数据类型的基本概念、创建与使用方法。

2. 掌握组合数据类型的程序设计与调试方法。

3. 掌握组合数据类型程序填空的方法。

4. 提高使用组合数据类型编程的能力。

二、实验设备和仪器

1. 计算机。

2. Windows 10 操作系统。

3. IDLE 集成开发环境。

三、实验内容

1. 填空题 1。输入一个字符串，统计不同字符的个数。例如，输入"data123"，输出结果如下。

```
a -> 2
1 -> 1
t -> 1
d -> 1
3 -> 1
2 -> 1
```

注意：部分源程序已给出。在横线处补充代码并调试程序，使程序得出正确结果。不得增行或删行，也不得更改程序的结构！

```
s=input("please input a string: ")
d=___1___
for x in d:
    print(x,'->', ___2___)
```

2. 填空题 2。一列表为[1,2,3,4,5,6,7,8,9]，编写程序将所有大于或等于 5 的值保存至字典的第一个键值对中，将小于 5 的值保存至字典的第二个键值对中，最终输出以下字典。

```
{'result1':[5,6,7,8,9],'result2':[1,2,3,4]}
```

注意：部分源程序已给出。在横线处补充代码并调试程序，使程序得出正确结果。不得增行或删行，也不得更改程序的结构！

```
List=[1,2,3,4,5,6,7,8,9]
List1=[]
List2=[]
Dicts={'result1':'','result2':''}
for i in ___1___:
    if___2___:
        List1.append(i)
    else:
        List2.append(i)
Dicts['result1']=List1
Dicts['result2']=List2
print (___3___)
```

3. 编程题 1。输入一个字符串，判断它是否是回文字符串（回文字符串无论从左往右读还是从右往左读都是一样的），例如 "abcdcba" 就是一个回文字符串。

```
a=input('请输入一个字符串:')
#将以下代码补充完整
...
...
...
```

4. 编程题 2。一个升序排列的列表共有 10 个元素，现输入一个数，要求按原来的排序规律将它插入列表中，使之仍然有序并输出。

```
L = [int(s) for s in input('请输入 10 个有序的数：').split()]
x = int(input('请输入一个数：'))
#将以下代码补充完整
...
...
...
```

实验三　启发性实验 2

一、实验目的

1. 掌握组合数据类型的基本概念、创建与使用方法。

2. 掌握组合数据类型的程序设计与调试方法。

3. 掌握组合数据类型程序填空的方法。

4. 提高使用组合数据类型编程的能力。

二、实验设备和仪器

1. 计算机。

2. Windows 10 操作系统。

3. IDLE 集成开发环境。

三、实验内容

1. 填空题 1。输入任意正整数，输出相应的二进制数，例如输入 67，输出 1000011。

注意：部分源程序已给出。在横线处补充代码并调试程序，使程序得出正确结果。不得增行或删行，也不得更改程序的结构！

```
n=int(input("请输入一个十进制数："))
result=[]
while n>0:
    result.append(___1___)
    n=___2___
result.reverse()
for i in ___3___:
    print(i,end="")
```

2. 填空题 2。输入一组水果名称并用空格分隔，共一行。统计每种水果的数量，并根据数量由多到少的顺序输出水果及对应数量，每种水果一行。

例如，输入：

```
苹果 芒果 草莓 芒果 苹果 草莓 芒果 香蕉 芒果 草莓
```

输出：

```
芒果:4
草莓:3
苹果:2
香蕉:1
```

注意：部分源程序已给出。在横线处补充代码并调试程序，使程序得出正确结果。不得增行或删行，也不得更改程序的结构！

```
txt=input("请输入类型序列:")
fruits=txt.split(" ")
d={}
for fruit in fruits:
    d[fruit]=d.get(fruit,0)+1
ls=list(___1___)
ls.sort(key=lambda x:x[1], reverse=___2___)    #按数量由多到少排序
for k in ls:
    print('{}:{}'.format(k[0],k[1]))
```

3. 编程题 1。输入一段英文，统计字符个数，并统计其包含多少个单词。例如输入"I love python!"，则输出"The length is:14，The count is:3"。

```
s = input("请输入一段英文:")
#将以下代码补充完整
...
...
...
print("The length is:%.f"%lens)
print("The count is:%.f"%count)
```

4. 编程题 2。编程实现一个登录系统，用字典存放用户名和对应的密码，例如 {"wang":"111111","Liu":"222222"}。用户登录时输入用户名和密码（最多输入 3 次），首先判断用户名是否存在，如果不存在，提示"用户名不存在"，要求重新输入用户名；如果用户名存在但密码错误，提示"密码错误"；如果用户名和密码都正确则显示"恭喜你进入系统!"，否则提示"尝试登录超过三次，请稍后再试!"，并退出登录系统。

```
user={"wang":"111111","Liu":"222222"}
#将以下代码补充完整
...
...
...
```

实验四　设计性实验

一、实验目的

1. 进一步掌握 Python 程序的编辑、运行过程。
2. 熟悉运用组合数据类型编程的方法。
3. 运用组合数据类型编程解决实际问题。
4. 掌握运用组合数据类型编程的技巧。

二、实验设备和仪器

1. 计算机。
2. Windows 10 操作系统。
3. IDLE 集成开发环境。

三、实验内容

1. 程序设计 1。有从小到大排列的 10000 个整数，请找出整数 1000 的位置。
提示：对于有序的线性表，使用二分法查找速度较快。
2. 程序设计 2。奇偶校验码是一种增强二进制传输系统可靠性的简单且被广泛采用的方法，该方法通过增加校验码使 1 的个数恒为奇数或偶数，因此分为"奇校验"和"偶校验"。

"奇校验"的原理是：在发送端发送的每个字节后增加一个校验码（0 或 1），使 1 的个数为奇数；接收端接收并统计每个字节及校验码中 1 的个数，若为偶数则意味着传输过程中

存在差错，示例如表 5.5 所示。

表 5.5 "奇校验"示例

接收的每个字节及校验码	1 的个数	传输正误
100101001	4	错误
011010101	5	正确
101011010	5	正确

根据以上原理，编写一个 Python 程序，对接收的每个字节及校验码进行"奇校验"，判断传输正误，若正确则将前一个字节的编码转换成十六进制数并输出。

5.3 习题

一、选择题

1. 以下关于字符串的描述中错误的是（   ）。

A. 字符串是字符的序列，字符的编号叫索引

B. 要输出带引号的字符串，可以使用转义字符

C. 字符串包括两种序号体系：正向递增和反向递减

D. 字符串提供区间访问方式，[N:M]表示索引从 N 到 M 的子字符串（包含 N 和 M）

2. 以下关于字符串操作的描述中错误的是（   ）。

A. strip()函数的作用是去掉字符串两侧的空格或指定字符

B. 把字符串 str 的所有英文字母小写，用 str.lower()函数

C. 获取字符串 str 的长度用 str.len()函数

D. 设 x = "123"，则 x*2 的结果是 "123123"

3. 设 str= "hello"，如果把字符串的第一个字母大写，其他字母仍小写，正确的语句是（   ）。

A. print(str[1].upper()+str[-1:1])   B. print(str[0].upper()+str[1:-1])

C. print(str[1].upper()+str[2:])   D. print(str[0].upper()+str[1:])

4. 在 Python 中，运算符 "+" 的作用是将字符串进行连接，则表达式"10"+"20"+"10+20"的运算结果是（   ）。

A. 301020   B. 102030

C. 102010+20   D. 3030

5. 字符串 str= "cat dog tiger"，以下程序的输出结果是（   ）。

```
str= "cat dog tiger"
ls=str.split()
ls.reverse()
print(ls)
```

A. 'tiger', 'dog', 'cat'　　　　　　　　　B. tiger dog cat

C. None　　　　　　　　　　　　　　　D. ['tiger', 'dog', 'cat']

6. 以下代码的输出结果是（　　　）。

```
t1=('a','b','c',[ 'a','b','c'])
t1[-1][-1]='d'
print(t1)
```

A. ('a','b','c','d')　　　　　　　　　　B. ('a','b','c',['a','b','d'])

C. ('a','b','c',['a','b','c'],'d')　　　　　D. 异常

7. 以下程序的输出结果是（　　　）。

```
s=''
ls = [4,5,6,7]
for l in ls:
    s += str (l)
print (s)
```

A. 4,5,6,7　　　　　B. 7654　　　　　C. 7,6,5,4　　　　　D. 4567

8. 已知列表 L=list(range(9))，那么运行语句 del L[:3]之后，L 的值为（　　　）。

A. [5,7, 9]　　　　　　　　　　　　　B. [0,1,2, 4, 5, 6, 7, 8]

C. [0,1, 3, 5,7]　　　　　　　　　　　D. [3, 4, 5,6, 7, 8]

9. 假设列表 Ls 为[3,4,5,6,7,9,11,13,15,17]，那么切片 Ls[2:7]得到的是（　　　）。

A. [5,6,7,9,11]　　　　　　　　　　　B. [6,7,9,11]

C. [5,6,7,9,] .　　　　　　　　　　　D. [7,9,11,13]

10. 下列程序的运行结果是（　　　）。

```
s=[1,2,3,'a']
s.append([4,5])
print(len(s))
```

A. 2　　　　　　　B. 4　　　　　　　C. 5　　　　　　　D. 6

11. 关于列表与元组的说法中错误的是（　　　）。

A. 元组与列表都属于序列

B. 元组与列表都是可变的

C. 元组与列表都能进行切片操作

D. 元组可以在字典中作为键，列表则不行

12. 以下 Python 表达式中结果与其他三项不同的是（　　　）。

A. len("Nice to meet you".split())　　　　B. len("Nice".split())

C. sum([1,2,1,1])　　　　　　　　　　D. max([1,2,3,4])

13. len(range(1, 10))的值是（　　　）。

A. 8　　　　　　　B. 9　　　　　　　C. 10　　　　　　　D. 11

14. 以下 Python 程序的运行结果是（　　　）。

```
L1=[3,5,6]
L2=L1
```

```
L1[1]=4
print(L2)
```

    A. [3, 5, 6]   B. [3, 4, 6]   C. [4, 5, 6]   D. [4, 5, 4]

15. 以下代码的输出结果是（   ）。

```
list1=[1,2,3,4]
list2=list1
list2.clear()
print(list1)
```

    A. [1,2,3,4]   B. 1,2,3,4   C. []   D. 错误

16. 以下选项中，不是建立字典的方式的是（   ）。

A. d = {[1,2]:1, [3,4]:3}   B. d = {(1,2):1, (3,4):3}

C. d = {'语文':1, '数学':2}   D. d = {1:[1,2], 3:[3,4]}

17. 给出如下代码。

```
DictColor = {"red":"红色","blue":"蓝色","pink":"粉红色","brown":"棕色","purple":"紫色","whilte":"白色"}
```

以下选项中能输出"蓝色"的是（   ）。

A. print(DictColor.keys())   B. print(DictColor["蓝色"])

C. print(DictColor.values())   D. print(DictColor["blue"])

18. 字典 d={'Name': 'Lisa', 'Sex': 'Female', 'Age': '18'}，表达式 len(d)的值为（   ）。

A. 12   B. 9   C. 6   D. 3

19. 以下程序的输出结果是（   ）。

```
d = {"Wu":"China", "Liu":"America", "Nan":"Korea"}
for k in d:
    print(k, end="")
```

A. ChinaAmericaKorea   B. Wu:China Liu:America Nan:Korea

C. WuNan   D. WuLiuNan

20. 不能创建字典的语句是（   ）。

A. dict1={}   B. dict2={2:4}

C. dict3=dict([2,4],[6,8])   D. dict4=dict(([2,4],[6,8]))

21. 设 a=set([1,2,2,3,3,3,4,4,4,4])，则 a.remove(4)的结果是（   ）。

A. {1, 2, 3}   B. {1, 2, 2, 3, 3, 3, 4, 4, 4}

C. {1, 2, 2, 3, 3, 3}   D. [1, 2, 2, 3, 3, 3, 4, 4, 4]

22. 不能创建集合的语句是（   ）。

A. s1={}   B. s2=set()

C. s3=set（"abcd"）   D. s4={1,2,3,4}

23. 以下代码的输出结果是（   ）。

```
dict={'a':1,'b':2,'c':3}
del dict['b']
dict['b']='4'
del dict['c']
```

```
print(len(dict))
```

A. 0   B. 1   C. 2   D. 3

24. 下列说法中错误的是（　　　）。

A. 字典中的键可以是元组

B. 字典中的键可以是列表

C. 字典可以直接通过键进行索引

D. 字典的值可以是任意数据类型，包括字符串、整数，甚至字典

25. set1=set("字典")，set2=set("集合")，set1|set2 的结果可能是（　　　）。

A. {"字典集合"}   B. {"典","字","集","合"}

C. "字典集合"   D. ["字典集合"]

26. 以下代码的输出结果是（　　　）。

```
d ={"天空":"灰色","大海":"蓝色","大地":"黑色"}
print(d["天空"],d.get("大地","黄色"))
```

A. 黑色　灰色   B. 灰色　黑色

C. 灰色　黄色   D. 黑色　黄色

27. 以下关于组合数据类型的描述中错误的是（　　　）。

A. 集合类型是一种具体的数据类型

B. 字典按键取值，键的值具有唯一性

C. Python 的集合类型与数学中的集合概念一致，都是多个数据项

D. 键值对在字典中的表示形式为<键 1>-<值 1>

28. 以下程序的输出结果是（　　　）。

```
dict = {'Name': 'Lisa', 'Age': 18}
print(dict.items())
```

A. [('Age', 18), ('Name', 'Lisa ')]   B. ('Age', 18), ('Name', 'Lisa ')

C. 'Age':18, 'Name': 'Lisa '   D. dict_items([('Age',18), ('Name', 'Lisa ')])

29. dict([['a',1],['b',2]])的返回值是（　　　）。

A. {'a':1,'b':2}   B. [{'a':1,'b':2}]

C. {1,2}   D. ['a','b']

30. 字典 D={'a':10,'b':20,'c':30,'d':40}，sum(list(D.values()))的结果是（　　　）。

A. 10   B. 100

C. 40   D. 20

二、填空题

1. 已知列表 s=['a','b','c','d','e']，请填写能完成对应功能的代码。

（1）求列表 s 的长度：＿＿＿＿＿＿＿＿＿。

（2）增加一个元素'f'：＿＿＿＿＿＿＿＿＿。

（3）输出列表的第 2 个及以后的元素：＿＿＿＿＿＿＿＿。

（4）清空列表的元素：＿＿＿＿＿＿＿＿。

（5）将列表 s 转换为元组：＿＿＿＿＿＿＿＿。

2. 设列表 s=[2,3,4,5,6,7,8,9,1]，将列表中的元素依次后移一位，将原来的最后一位移到第一位，然后输出新列表。

```
a=[2,3,4,5,6,7,8,9,1]
n=a[8]
for i in range(8,0,-1):
    _____
a[0]=n
print(a)
```

3. 找出 1～300 中既能被 3 整除又能被 5 整除的整数，存放在列表 list1 中，每行输出 5 个。

```
list1=[]
for i in range(1,500):
    if i%3==0 and i%5==0:
        _____
for i in range(len(list1)):
    print(list1[i],end=" ")
    if (i+1)%5==0:
        print("\n")
```

4. 求区间 0～100 的 10 个随机整数的最大值。

```
import random
s= []
for i   in range(10):
    n = _____
    print(n,end=' ')
    s.append(n)
s = max(s)
print('最大值为%d' % s)
```

5. 将 10 个数从小到大排序。

```
s = []
for i in range(10):
    s.append(int(input('Input a number:')))
for i in range(9):
    for j in range(i+1,10):
        if _____ :
            temp = s[j]
            s[j] = s[i]
            s[i] = temp
print(s)
```

6. 生成一个字典 D，键的形式为 keyi，其中 i 表示整数，取值范围为 1～10，每个键对应的值为 i^2，例如 key5:25。

```
D={}
for i in range(1,11):
```

```
    k="key"+str(i)
    _____
print(D)
```

7. 将 A 中所有小于或等于 5 的值保存至字典 B 的第一个键对应的值中，将大于 5 的值保存至字典 B 的第二个键对应的值中。

```
A = [1, 2, 3, 4, 5, 6, 7, 8, 9]
B = {1: [], 2: []}
for i in A:
    if i <= 5:
        _____
    else:
        _____
print(B)
```

8. 已知字典 D= {'apple':10,'banana':5,'pear':8,'orange':6}，请设计代码实现以下功能。

（1）输出字典 D 的所有键值对：_____。

（2）输出字典 D 的 pear 值：_____。

（3）修改 D 的 apple 值为 12：_____。

（4）添加键值对 cherry:30：_____。

（5）删除字典 D 的 banana 键值对：_____。

9. 输入 5 个整数，存入序列 s 中，相同的数只存入一次。

```
s=set()
for i in range(5):
    x=int(input())
    s._____
print('s=',s)
```

10. 输入年份、月份、日期，判断这一天是这一年的第几天。

```
year=int(input('请输入年份:'))
month=input('请输入月份:')
day=int(input('请输入日期:'))
dic={'1':31,'2':28,'3':31,'4':30,'5':31,'6':30,'7':31,'8':31,'9':30,'10':31,'11':30,'12':31}
days=0
if ((year%4==0) and (year%100!=0)) or (year%400==0):
    _____              #如果是闰年，则 2 月有 29 天
if int(month)>1:
    for obj in dic:
        if month==obj:
            for i in range(1,int(obj)):
                days+=dic[str(i)]
    days+=day
else:
    days=day
    print('{}年{}月{}日是该年的第{}天'.format(year,month,day,days))
```

三、程序阅读题

1. 以下程序的输出结果是_____。

```python
list1=[ i*2 for i in 'join']
print(list1)
```

2. 以下程序的输出结果是_____。

```python
s=['小王','小张','小李','小陈','小刘','小赵']
print(s[1:4:2])
```

3. 以下程序的输出结果是_____。

```python
tup1 = (12,'ab',34)
tup2 = ('cd',56,'ef')
tup3 = tup1 + tup2
print(tup3[2])
```

4. 以下程序的输出结果是_____。

```python
for x in "HelloPython":
    if x=="P":
        continue
    print(x,end="")
```

5. 以下程序的输出结果是_____。

```python
ls = ["10", "10.10", "list"]
ls.append(1010)
ls.append([1010,"1010"])
print(ls)
```

6. 以下程序的输出结果是_____。

```python
ss = list(set("xyabzcc"))
s = sorted(ss)
for i in s:
    print(i,end = '')
```

7. 以下程序的输出结果是_____。

```python
d1={1:'水果'}
d2={1:'蔬菜',2:'饮料'}
d1.update(d2)
print(d1[1])
```

8. 以下程序的输出结果是_____。

```python
s1=set([1,2,2,3,3,3,4])
s2={1,2,5,6,4}
print((s1|s2)-(s1&s2))
```

9. 以下程序的输出结果是_____。

```python
d={1:'r',2:'s',3:'t'}
```

```
del d[1]
del d[2]
d[1]='x'
print(len(d))
```

10. 以下程序的输出结果是_____。

```
list = [3 , 2 , 4 , 3]
nums = set(list)
for i in nums:
    print(i,end = "")
```

四、编程题

1. 求 3~100 的所有素数，并放在列表 list1 中。

2. 输入一个字符串，将索引为偶数的字符提取出来合并成一个新字符串 String1，再将索引为奇数的字符提取出来合并成一个新字符串 String2，最后将字符串 String1 和 String2 连接起来并输出。

3. 输入一个字符串，判断它是否是回文字符串。

4. 编写代码完成以下功能。

（1）建立字典 d，内容是{"数学":101, "语文":202, "英语":203, "物理":204, "生物":206}。

（2）向字典 d 中添加键值对"化学":205。

（3）修改"数学"对应的值为 201。

（4）删除"生物"对应的键值对。

（5）按顺序打印字典 d 的全部信息，参考格式如下。

```
201:数学
202:语文
203:英语
204:物理
205:化学
```

5. 请编写一个程序，统计字符串中每个字母出现的次数（不区分大小写），按照['a':1, 'b':2]的格式输出。

第6章　函数与模块

6.1　知识要点回顾

函数是按一定规则组织好的、用来实现某一功能并且能被反复调用的程序段或代码段。从使用的角度来看,函数可分为两类,一类是由 Python 提供的系统函数,可以直接被用户调用;另一类是用户自定义函数,需要由用户编写,供自己或他人调用。

6.1.1　函数的概念

1. 定义函数

定义函数的一般形式如下。

```
def 函数名([形参说明表]):
    函数语句体
    return 表达式
```

注意:关键字 def 与函数名中间要有空格,函数名后面是一对圆括号,最后以冒号结束,函数语句体要缩进。

说明如下。

(1)在 Python 中,函数由关键字 def 进行定义,函数名要符合标识符的命名规则。与 C 语言不同的是,函数不需要指定返回值的类型。

(2)形参可以有多个,也可以省略;有多个形参时,各个形参之间用逗号隔开。不需要指定参数类型,Python 会自动根据值来确定参数的类型。

(3)函数语句体是实现某一功能的代码段,可以有多条语句,也可以无语句。

(4)return 语句是可选的,它可以在函数体的任何地方出现,表示函数运行到此处结束。如果没有 return 语句,会自动返回 None;如果有 return 语句,但是 return 后面没有表达式,也返回 None。

(5)Python 允许定义空函数,其形式如下。

```
def 函数名():
    pass
```

当空函数被调用时什么也不做,相当于运行一条空语句。定义空函数的目的是表示该处需要定义一个函数。

2. 调用函数

用户自定义函数不能直接运行，必须通过调用才能完成其功能。调用用户自定义函数与调用系统函数的方法相同，可以使用表达式的地方都可以调用函数。

调用形式如下。

```
函数名([实参列表])
```

关于函数调用的说明如下。

（1）调用时，将相应位置的实参传给对应的形参。实参个数必须与形参个数一致且一一对应，实参类型要能兼容形参类型。与形参一样，若有多个实参，各个实参之间必须用逗号隔开。

（2）调用函数时，程序运行被调用函数中的语句。运行完毕后，程序回到调用处，继续运行后面的语句。

（3）函数调用可以作为函数的实参。

6.1.2 函数参数

1. 参数传递

函数在调用过程中会进行参数传递。当实参传递给形参时，根据实参类型不同，参数传递方式有值传递和地址传递两种方式。

（1）当实参为不可变对象时，实参对形参的传递是值传递，而且是单向的，实参的值传给形参，形参的值不能回传给实参。

（2）当实参为可变对象时，实参的地址传给形参，若在函数调用时形参的值被修改，则实参的值也相应被修改。

2. 参数类型

（1）必需参数：必需参数也称为位置参数，调用时必须按正确的顺序传入，实参的个数必须与形参个数一致且一一对应。

（2）关键字参数：关键字参数通过形参的名称来将实参传给指定的形参，因此允许函数调用时实参的顺序与形参不一致。

（3）默认参数：定义函数时可以给形参赋予默认值，调用函数时有默认值的形参可传可不传，如果该参数最终没有被传值，将使用默认值；若在调用时给有默认值的形参传值，该形参以新传的值为准。

（4）不定长参数：不定长参数也称为可变长度参数，Python 中的不定长参数主要有元组和字典两种形式。

6.1.3 特殊函数

1. 匿名函数

在 Python 中，通常采用 lambda 关键字定义匿名函数，形式如下。

```
lambda 参数 1,参数 2,...,参数 n:函数体
```

关于匿名函数的说明如下。

（1）匿名函数的形参可以有一个或多个，也可以省略。

（2）在默认情况下，调用匿名函数时，将相应位置的实参传给对应的形参，实参个数必须与形参个数一致且一一对应，也可以使用关键字参数以及不定长参数。

（3）匿名函数的函数体只有一行代码，运行结果会被作为函数的返回值自动返回，而且只有一个返回值，因此匿名函数的函数体只能有一个表达式。

2. 递归函数

递归调用是指在调用一个函数的过程中又直接或间接地调用该函数本身。递归调用可以分为直接递归调用和间接递归调用，如图 6.1 和图 6.2 所示。

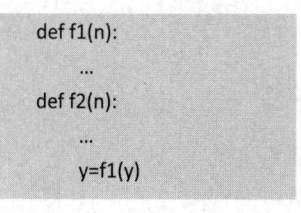

```
def f(n):
    if n==1:
        return 2
    else:
        return f(n-1)+2
```

图 6.1　直接递归调用

```
def f1(n):
    ...
def f2(n):
    ...
    y=f1(y)
```

图 6.2　间接递归调用

递归调用的调用次数是有限的，任何一个递归调用程序必须包括以下两部分。

（1）递归循环继续的过程，即递归公式。

（2）递归调用的结束条件，即递归的边界条件。

6.1.4　装饰器

1. 装饰器的定义与调用

装饰器（Decorator）本质上是一个函数，是用来处理其他函数的函数，可以让其他函数在不需要修改代码的前提下增加额外的功能。因此，装饰器的作用是为已经存在的对象添加额外的功能。

定义装饰器的一般格式如下。

```
def decorator(func):
    装饰体
@decorator
def func():
    函数体
```

或

```
def deco(func):
    装饰体
@deco
def func():
    函数体
```

其中，decorator 和 deco 为装饰器，由@decorator 或@deco 修饰的函数在调用时会自动调用装饰器。装饰器可以返回一个值，也可以返回一个函数对象。

2. 带参数的装饰器

调用装饰器时，还可以定义带参数的装饰器，调用时可以根据需要传递不同的参数。

6.1.5 变量的作用域

每个变量都有一个作用域，即它们在什么范围内有效。在 Python 中，按作用域来划分，变量可分为局部变量和全局变量。

1. 局部变量

局部变量是在函数内部定义的变量，也称为内部变量，只能在其定义的函数内部起作用。

2. 全局变量

在函数外部定义的变量是全局变量，也称为外部变量。全局变量的作用范围与其定义的位置有关，作用域为定义点到文件末尾，示例如下。

```
sum=15                #此 sum 为全局变量
def add(a,b):
    sum=a+b           #此 sum 为局部变量
    return result
print(add(2,3))
```

运行结果：

```
5
```

3. 关键字 global 声明变量

定义函数时，若想在函数内部使用局部变量对函数外的全局变量进行修改，需要在函数内部将其声明为 global 变量。声明为 global 变量后，局部变量变为全局变量，可以在函数内部对函数外的全局变量进行操作，也可以改变它的值。

6.1.6 模块

1. 标准库

Python 自带了大量标准库，包括 random、datetime 库等，使用时通过命令 import 导入即可。此外，Python 还提供了大量第三方模块，使用方式与标准库相同。

2. 用户自定义模块

用户自定义模块是用户自己建立的 Python 程序。

3. 模块的导入

（1）导入模块的语法格式如下。

```
import 模块名 1[,模块名 2][,...,模块名 n]
```

（2）导入模块中的函数的语法格式如下。

from 模块名 import 函数 1[,函数 2][,...,函数 n]

（3）导入模块中的所有函数的语法格式如下。

from 模块名 import *

6.2 实训内容

实验一 验证性实验

一、实验目的

1. 验证主教材中的典型例题。
2. 掌握 Python 函数的定义、调用方法。
3. 理解函数参数的各种类型。
4. 掌握变量的作用域。
5. 掌握 lambda 函数的定义方法。
6. 理解函数的嵌套定义方法。
7. 了解函数的递归调用方法。

二、实验设备和仪器

1. 计算机。
2. Windows 10 操作系统。
3. IDLE 集成开发环境。

三、实验内容与步骤

（一）调试程序 1

1. 实验内容。

利用函数调用的方式编程，求表达式$(1+2+3+\cdots+M)+(1+2+3+\cdots+N)/(1+2+3+\cdots+P)$的值，$M$、$N$、$P$ 通过键盘输入。例如输入 3、5、6，则输出 1.0。

2. 程序代码 prog1.py。

```
def add(m):
    s=0
    for n in range(m+1):
        s+=n
    return s
M,N,P=eval(input("请输入三个数："))
print((add(M)+add(N))/add(P))
```

3. 实验步骤。

步骤一：在 D 盘的根目录下创建一个以学号命名的文件夹，例如 D:\20131001。

步骤二：打开 IDLE，新建 prog1.py 文件，并输入程序代码。

步骤三：编码完毕后，选择"Run"菜单下的"Run Module"命令（或按 F5 键）运行程序。

步骤四：在程序的运行界面中输入"3,5,6"，程序运行结果如图 6.3 所示。

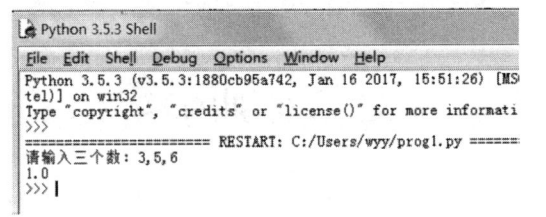

图 6.3　程序运行结果

（二）调试程序 2

1. 实验内容：计算组合数。

假设有 j、k，且 $j>k$，则组合数 $c=(j!-k!)/k!$。若输入 6、2，则结果为 359.0；若输入 7、5，则结果为 41.0。

2. 程序代码 prog2.py。

```
def jc(n):
    result=1
    for i in range(2,n+1):
        result=result*i
    return result
j,k=eval(input("请输入两个数："))
result=(jc(j)- jc(k))/ jc( k )
print(result)
```

3. 实验步骤。

步骤一：在 D 盘的根目录下创建一个以学号命名的文件夹，例如 D:\20131001。

步骤二：打开 IDLE，新建 prog2.py 文件，并输入程序代码。

步骤三：编码完毕后，选择"Run"菜单下的"Run Module"命令（或按 F5 键）运行程序。

步骤四：在程序的运行界面中输入" 6,2"，程序运行结果如图 6.4 所示。

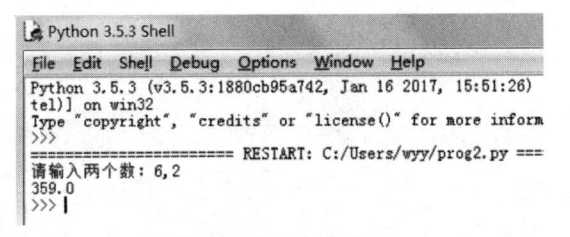

图 6.4　程序运行结果

（三）调试程序 3

1. 实验内容。

一个数如果恰好等于其除自身外的因数之和，这个数就称为"完数"。例如 6=1+2+3，

则 6 是完数。编写程序，输出 1～100 的所有完数。

2. 程序源代码 prog3.py。

```python
def wanshu(n):
    s=0
    for i in range(1,n):
        a=n/i
        if a%1==0:
            s=s+i
    if s==n:
        return True


for i in range(1,1001,1):
    if wanshu(i):
        print(i,end=' ')
```

3. 实验步骤。

步骤一：在 D 盘的根目录下创建一个以学号命名的文件夹，例如 D:\20131001。

步骤二：打开 IDLE，新建 prog3.py 文件，并输入程序代码。

步骤三：编码完毕后，选择"Run"菜单下的"Run Module"命令（或按 F5 键）运行程序。

程序运行结果如图 6.5 所示。

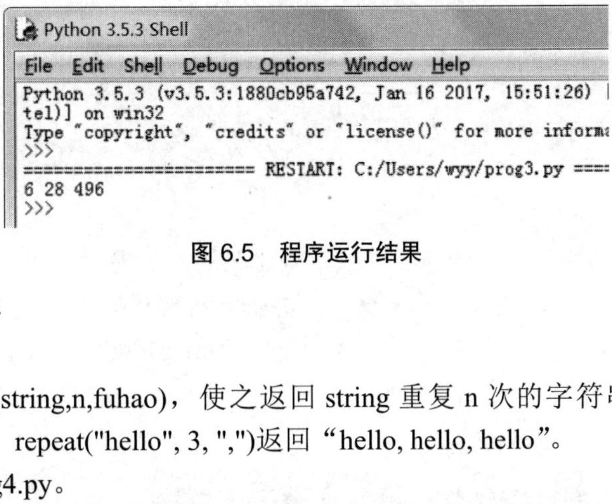

图 6.5　程序运行结果

（四）调试程序 4

1. 实验内容。

编写函数 repeat(string,n,fuhao)，使之返回 string 重复 n 次的字符串，并且使用字符串 "fuhao" 分隔。例如，repeat("hello", 3, ",")返回"hello, hello, hello"。

2. 程序代码 prog4.py。

```python
def repeat(string,n, fuhao):
    x=""
    for i in range(n):
        x=x+string+fuhao
    return x


string=input('请输入一个字符串：')
n=eval(input('请输入重复次数：'))
fuhao=input('请输入间隔符号：')
print(repeat(string,n, fuhao))
```

3. 实验步骤。

步骤一：在 D 盘的根目录下创建一个以学号命名的文件夹，例如 D:\20131001。

步骤二：打开 IDLE，新建 prog4.py 文件，并输入程序代码。

步骤三：编码完毕后，选择"Run"菜单下的"Run Module"命令（或按 F5 键）运行程序。

程序运行结果如图 6.6 所示。

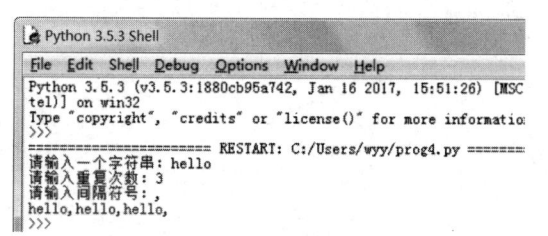

图 6.6 程序运行结果

（五）调试程序 5

1. 实验内容。

求斐波那契数列的第 10 项。斐波那契数列由 0、1 开始，后面的每一项都是前两项之和。

2. 程序代码 prog5.py。

```python
def fibonacci(n):
    if n == 1 or n == 2:
        return 1
    else:
        return fibonacci(n - 1) + fibonacci(n - 2)
print(fibonacci(10))
```

3. 实验步骤。

步骤一：在 D 盘的根目录下创建一个以学号命名的文件夹，例如 D:\20131001。

步骤二：打开 IDLE，新建 prog5.py 文件，并输入程序代码。

步骤三：编码完毕后，选择"Run"菜单下的"Run Module"命令（或按 F5 键）运行程序。

程序运行结果如图 6.7 所示。

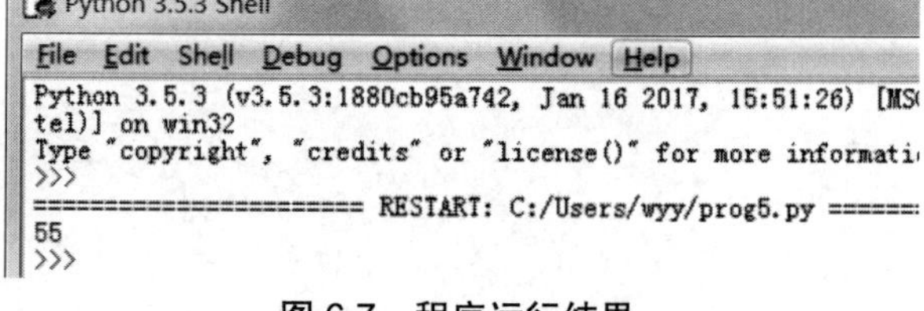

图 6.7 程序运行结果

四、实验报告要求

1. 写出程序 1 的实验原理与考查知识点。

2. 写出程序 2 的实验原理与考查知识点。

3. 写出程序 3 的实验原理与考查知识点。

4. 写出程序 4 的实验原理与考查知识点。

5. 写出程序 5 的实验原理与考查知识点。

6. 写出在程序调试过程中遇到的问题和解决方法。

实验二　启发性实验 1

一、实验目的

1. 掌握 Python 函数的定义、调用方法。

2. 掌握 Python 函数程序的编辑和调试方法。

3. 掌握 Python 函数程序填空的方法。

4. 提高 Python 函数程序编程能力。

二、实验设备和仪器

1. 计算机。

2. Windows 10 操作系统。

3. IDLE 集成开发环境。

三、实验内容

1. 填空题 1。

请补充 sum 函数，sum 函数的功能是：实现计算表达式 1+3+…+（2n-1）值的函数，如当 n=10 时，输出函数值 sum 为 100。

注意：部分源程序已给出。在横线处补充代码并调试程序，使程序得出正确结果。不得增行或删行，也不得更改程序的结构！

```
def sum(n):
    ___1___
    for i in range(1, n+1):
        temp=2*i-1
        sum+=temp
    return ___2___
k=eval(input("请输入 n 值："))
print ("函数值为：",sum(k))
```

2. 填空题 2。

请补充 fun(n)函数，fun(n)函数的功能是根据以下公式计算 A_n。

$$A_1 = 1$$

$$A_2 = \frac{1}{1 + A_1}$$

$$A_3 = \frac{1}{1 + A_2}$$

$$\cdots$$

$$A_n = \frac{1}{1 + A_{n-1}}$$

例如，若 $n=10$，则应输出：0.617978。

注意：部分源程序已给出。在横线处补充代码并调试程序，使程序得出正确结果。不得增行或删行，也不得更改程序的结构！

```python
def fun(n):
    A=1
    for i in range(2, ___1___):
        A = ___2___
    return A
n=eval(input("请输入一个数:"))
print(f"{___3___:.6f}")
```

3. 编程题 1。

编写函数 fun(n)，其功能是根据以下公式计算 s，计算结果作为函数值返回。

$$s = 1 + \frac{1}{1+2} + \frac{1}{1+2+3} + \cdots + \frac{1}{1+2+3+\cdots+n}$$

若 n 的值为 11 时，函数的值为 1.833333。

```python
def fun(n):
#将以下代码补充完整
...
...
...
n=eval(input("请输入一个数:"))
s=fun(n)
print(f"{s:.6f}")
```

4. 编程题 2。

编写函数，其功能是从三个数中找出最大数，并作为函数值返回。例如，当三个数分别是 3、4、5 时，输出 5。

```python
def max3(a, b, c):
#将以下代码补充完整
...
...
...
a, b, c = [int(i) for i in input().split()]
print(max3(a, b, c))
```

实验三　启发性实验 2

一、实验目的

1. 掌握 Python 函数程序的编辑和调试方法。
2. 掌握 Python 函数程序填空的方法。
3. 提高 Python 函数程序编程能力。
4. 掌握函数的递归调用方法。

二、实验设备和仪器

1. 计算机。

2. Windows 10 操作系统。

3. IDLE 集成开发环境。

三、实验内容

1. 填空题 1。

请补充 fun(n)函数，fun(n)函数的功能是：计算 n 以内（包括 n）能被 3 或 7 整除的所有自然数的倒数之和。如在主函数中输入 50，输出为 s=1.425889。

注意：部分源程序已给出。在横线处补充代码并调试程序，使程序得出正确结果。不得增行或删行，也不得更改程序的结构！

```
def fun(n):
    sum=0
    for i in range(1, n+1):
        if ___1___ ==0:
            sum=___2___
    return sum
n=eval(input("请输入一个数:"))
print(f"{___3___:.6f}")
```

2. 填空题 2。

输入两个正整数 x 和 y（$x<y$），求 $x\sim y$ 的所有素数的和，要求定义并调用函数来判断某个数是否为素数。例如，输入 3 和 11，那么 3~11 的素数有 3、5、7、11，其和是 26。

注意：部分源程序已给出。在横线处补充代码并调试程序，使程序得出正确结果。不得增行或删行，也不得更改程序的结构！

```
def Is_prime(n):
    if (n<2): return False
    for i in range(2, n//2+1):
        if (___1___ ==0): return False
    return True
x, y = [int(s) for s in input('请输入两个正整数：').split()]
print(sum([i for i in ___2___ (x, y+1) if Is_prime(i)]) )
```

3. 编程题 1。

编写函数 fun(n)，它的功能是计算并输出下列公式的值。

$$s = \frac{1}{1\times 2} + \frac{1}{2\times 3} + \cdots + \frac{1}{n(n+1)}$$

例如，当 $n = 10$ 时，函数值为：0.909091。

```
def fun(n):
#将以下代码补充完整
...
...
...
print(f"{fun(10):.6f}")
```

4. 编程题 2。

编写函数，按以下递归公式求函数值。

$$fun(n)=\begin{cases} 10 & (n=1) \\ fun(n-1)+2 & (n>1) \end{cases}$$

例如，n=5 时，函数值为 18；n=3 时，函数值为 14。

```
def fun(n):
#将以下代码补充完整
...
...
...
n=eval(input("请输入一个非负整数："))
print(fun(n))
```

实验四　设计性实验

一、实验目的

1. 进一步掌握 Python 程序的编辑和运行过程。
2. 熟悉运用函数设计程序的方法。
3. 学会运用函数编程解决实际问题。
4. 掌握运用函数编程的技巧。

二、实验设备和仪器

1. 计算机。
2. Windows 10 操作系统。
3. IDLE 集成开发环境。

三、实验内容

1. 程序设计 1。

20 世纪 20 年代，德国数学家 David Hilbert 的学生 Gabriel Sudan 和 Wilhelm Ackermann 致力于研究计算的基础。Gabriel Sudan 发明了一个递归却非原始递归的 Sudan 函数。1928 年，Wilhelm Ackermann 又独立发明了另一个递归却非原始递归的函数（阿克曼函数），它需要两个自然数作为输入值，输出一个自然数。这个函数的输出值增长速度非常高，（4，3）的输出值就大得无法准确计算。

阿克曼函数的定义如下。

$$A(m,n)=\begin{cases} n+1 & (m=0) \\ A(m-1,1) & (m>0,n=0) \\ A(m-1,A(m,n-1)) & (m>0,n>0) \end{cases}$$

输入两个整数（不大于 4 和 3，以空格分隔），输出阿克曼函数的值。

2. 程序设计 2。

有 5 个人围坐在一起，问起第 5 个人多大年纪，他说比第 4 个人大 2 岁；问第 4 个人，他说比第 3 个人大 2 岁；问第 3 个人，他说比第 2 个人大 2 岁；问第 2 个人，他说比第 1 个人大 2 岁。第 1 个人说自己 10 岁，请计算第 5 个人的年龄（提示：用递归函数实现）。

6.3 课后习题

一、选择题

1. 关于函数作用的描述，以下选项中错误的是（　　　）。

A. 复用代码　　　　　　　　　　　　B. 降低编程复杂度

C. 增强代码的可读性　　　　　　　　D. 增加代码量

2. 定义函数的保留字是（　　　）。

A. function　　　　　　　　　　　　B. def

C. global　　　　　　　　　　　　　D. void

3. 关于函数的说法中正确的是（　　　）。

A.定义函数时必须有形参

B. 不需要指定函数名

C.定义函数时可以不带 return 语句

D. 实参与形参的个数可以不相同，可以是任意类型

4. 以下关于函数的说法中正确的是（　　　）。

A. 函数的实参和形参必须同名，顺序必须一致

B. 函数的形参既可以是变量也可以是常量

C. 函数的实参不可以是表达式

D. 函数的实参可以是其他函数的调用

5. 可以返回对象（字符、列表、元组等）长度的关键字是（　　　）。

A. def　　　　　　　　　　　　　　B. append

C. long　　　　　　　　　　　　　　D. len

6. 输出一行文字，要用到的函数是（　　　）。

A. input()　　　　　　　　　　　　B. random()

C. print()　　　　　　　　　　　　D. float()

7. 可以导入模块的语句是（　　　）。

A. def module　　　　　　　　　　B. input module

C. print module　　　　　　　　　D. import module

8. 编程计算 $z=a+aa+aaa+aaaa+aa\cdots a$，其中 a 是一个数字，例如 8+88+888+8888+88888。设计一个函数，输入数字 a 和加数的数量 n。程序代码如图 6.8 所示，画线处的代码是（　　　），才能实现如图 6.9 所示的运行结果。

```
def summation(a, n):
    sum=0
    basic=0
    for i in range(0, n):
        basic=basic*10+a

    return sum
a=int(input("请输入一个个位数字a:"))
n=int(input("请输入最长多少个这样的数:"))
print("这几个数的和为:\n", summation(a, n))
```

```
请输入一个个位数字a:8
请输入最长多少个这样的数:10
0 8 8
1 88 96
2 888 984
3 8888 9872
4 88888 98760
5 888888 987648
6 8888888 9876536
7 88888888 98765424
8 888888888 987654312
9 8888888888 9876543200
这几个数的和为:
9876543200
```

图 6.8　程序代码　　　　　　　　　　　图 6.9　运行结果

A. basic+=sum

B. sum+=basic

C. sum=basic+1

D. sum=basic+n

9. 要生成随机数，应该使用（　　　）。

A. math 库

B. random 库

C. numpy 库

D. turtle 库

10. 如果一个函数没有 return 语句，则调用它后返回值为（　　　）。

A. None　　　　　　B. False　　　　　　C. 0　　　　　　D. True

11. 以下说法中错误的是（　　　）。

A. 定义函数的关键字是 def

B. 在函数内部可以通过关键字 global 定义全局变量

C. 函数不需要指定形参数据类型

D. 已知 f = lambda x: 10，则表达式 f(3)的值为 3

12. 以下代码的运行结果是（　　　）。

```
def fun(param1, *param2):
    print(param2)
fun('wang','zhang','li','liu')
```

A. 'zhang'　　　　　B. ('zhang','li','liu')　　　C. ['zhang','li','liu']　　D. param2

13. 关于全局变量和局部变量的描述中错误的是（　　　）。

A. 程序中的变量有两类：全局变量和局部变量

B. 全局变量与局部变量不能重名

C. 局部变量只能在声明它的函数内部使用

D. 全局变量一般没有缩进

14. 不是函数的参数类型的是（　　　）

A. 位置参数　　　　　B. 定长参数　　　　　C. 默认参数　　　　D. 关键字参数

15. 关于装饰器，下列说法中错误的是（　　　）。

A. 装饰器是用来包装函数的函数　　　　　B. 装饰器有利于实现代码的复用

C. 装饰器一定要返回一个函数对象　　　　D. 一个函数只能用一个装饰器修饰

16. 定义函数如下。

```
f=lambda x:x+2
```

f(f(2))的运行结果是（　　　）。

A. 4　　　　　　B. 5　　　　　　C. 6　　　　　　D. 7

17. 下列代码的运行结果是（　　　　）。

```
a=3
b=4
def fun():
    print(a+b)
fun()
```

　A. 报错　　　　　　　　B. a+b　　　　　　　　C. 7　　　　　　　　D. 没有任何显示

18. 已知 f=lambda x,y:x+y，则 f([3],[0,1,2])的值是（　　　　）。

　A. [0, 1, 2, 3]　　　　B. 6　　　　　　　C. [3, 0, 1, 2]　　　　D. {1, 2, 3, 4}

19. 下列程序的运行结果是（　　　　）。

```
def f(x=3,y=0):
    return x+y
y=f(y=f(), x=5)
print(y)
```

　A. 5　　　　　　　　B. 6　　　　　　　　C. 7　　　　　　　　D. 8

20. 对于 Python 语句 f=lambda x,y:x*y，f(5,6)的运行结果是（　　　　）。

　A. 5　　　　　　　　B. 6　　　　　　　　C. 11　　　　　　　　D. 30

21. 关于 lambda 函数，以下选项中错误的是（　　　　）。

　A. lambda 不是 Python 的保留字

　B. lambda 函数也称为匿名函数

　C. 定义了一种特殊函数

　D. lambda 函数将函数名作为函数结果返回

22. 下列代码的运行结果是（　　　　）。

```
f=lambda x,y,z:1+2*x+y**3+z*y
print(f(3,2,1))
```

　A. 18　　　　　　　　B. 17　　　　　　　　C. 16　　　　　　　　D. 15

23. 下列代码的运行结果是（　　　　）。

```
def max(x, y):
    if x >=y:
        return x
    else:
        return y
print(max(9, 7),end=' ')
z = max(8, 6)
print(z)
```

　A. 9 8　　　　　　　　B. 9 6　　　　　　　　C. 8 7　　　　　　　　D. 7 6

24. 下列代码的运行结果是（　　　　）。

```
def fun(x,y):
    print(x//y ,end=' ')
    print(x%y ,end=' ')
```

```
fun(17,3)
```

    A. 4 2   B. 5 2   C. 5 3   D. 2 5

25. 阅读以下程序。

```
def fun(x):
    s=1
    for i in range(1,x+1):
        s=s*i
    return s
i=7
k=fun(i)
```

print(k)的结果是（   ）。

    A. 7!   B. 8!   C. 9!   D. 10!

26. 向函数传递参数时，不考虑在函数体内重新定义 a 的情况，以下哪个函数调用可能会改变参数 a 的值？（   ）

    A. a=['result'];fun(a)   B. a=2;fun(a)

    C. a='result';fun(a)   D. ('result');fun(a)

27. 当函数返回多个值时，用一个变量接收返回值，此时返回值类型为（   ）。

    A. 字典   B. 元组   C. 集合   D. 列表

28. 在函数内部声明全局变量，需要使用（   ）关键字。

    A. global   B. local   C. globals   D. locals

29. 以下选项中，对递归函数的描述错误的是（   ）。

    A. 递归函数必须有终止条件

    B. 函数内部包含对本函数的再次调用

    C. 实现相同功能时，递归函数一般比使用循环的代码更简洁

    D. 运行效率高

30. 下列代码的运行结果是（   ）。

```
x=[]
def func(a,b):
    x.append(b)
    return a*b
s=func("hello!",2)
print(s,x)
```

    A. hello! [2]   B. hello!hello! [2]

    C.hello! 2   D.hello!hello! 2

二、填空题

1. 自定义函数 count(string,c)，检查字符串 string 中字符 c 出现的次数并返回。请将以下程序补充完整。

```
def count(string,c):
    count=0
```

```
    for i in range(len(string)):
        if _____:
            conunt+=1
    return count
```

2. 有 5 个人坐在一起，第 5 个人说他比第 4 个人小 3 岁；第 4 个人说他比第 3 个人小 3 岁；第 3 个人说他比第 2 个人小 3 岁；第 2 个人说他比第 1 个人小 3 岁；第 1 个人说他 38 岁。编写程序，计算第 5 个人的年龄。请将以下程序补充完整。

```
def age(n):
    if n == 1:
        c = _____
    else:
        c = age(n - 1) - 3
    return _____
print("第 5 人的年龄:", age(_____))
input("运行完毕，请按回车键退出...")
```

3. 编写一个自定义函数，将一个字符串中的所有小写字母变成大写字母。请将以下程序补充完整。

```
def upper(str1):
    str2 = ' '
    for i in str1:
        if '_____' <= i <= '_____':
            str2 += chr(ord(i) - 32)
        else:
            str2 += i
    return _____
```

4. 以下程序的功能是统计指定列表中指定元素的所有索引，如果列表中没有指定元素则返回-1。请将程序补充完整。

```
def index(list1, x):
    list2 = []
    for i in range    (_____):
        if list1[i] == x:
            list2.append(i)
    if list2 == []:
        return -1
    return _____
list1 = [2, 1, 3, 1, 1]
print(index(list1, 1))
```

5. 自定义一个函数，获取指定序列中的最大值。如果序列是字典，取值的最大值。请将以下程序补充完整。

```
def func9(x):
    if type(x) == dict:
        list1 = [i for i in _____]
```

```
            s = list1[0]
            for m in list1:
                if m > s:

                    _____

            return s
        else:
            s = x[0]
            for i in x:
                if i > _____:
                    s = i
            return s
print(func9({'小明':90, '张三': 76, '路飞':30, '小花': 98}))
```

6. 以下程序的功能是判断指定序列中是否存在指定的元素。请将程序补充完整。

```
def func (x,y):
    for i in ____:
        if i ____ y:
            return True
    else:
        return False
print(func([11, 20, 'abc'],20))
```

7. 以下程序的功能是将指定字符串中指定的旧字符串转换成指定的新字符串。请将程序补充完整。

```
def func (x, y, z):
    return z._____ (x._____ (y))
print(func('I am fine! And you?', 'you', 'me'))
```

8. 以下程序的功能是将一个字典中的所有键值对添加到另一个字典中。请将程序补充完整。

```
def func(dict1,dict2):
    x = list(dict1.items())
    y = list(dict2.items())
    z = _____
    new_dict = {i[0]:i[1] for i in z}
    return new_dict
dict1 = {'a':1,'b':2}
dict2 = {'a':1,'c':3}
print(_____)
```

9. 以下代码的功能是计算 1+2+3+…+100，程序运行结果为 5050。请将代码补充完整。

```
sum(_____(0,101))
```

10. 以下程序的功能是判断一个数是否为素数。请将程序补充完整。

```
def is_prime(number):
    if number < 2:
```

```
        return False
    for i in range(2,_____ ):
        if number % i == 0:
            return _____
    return True
```

三、程序阅读题

1. 以下代码的运行结果是_____。

```
def func(i):
    ones_digit=i%10
    print(ones_digit,end='')
    if i>10:
        func(i//10)
func(123456)
```

2. 以下代码的运行结果是_____。

```
def func(x,y=100):
    return {x:y}
print(func(y=10,x=20))
```

3. 以下代码的运行结果是_____。

```
n=1
def func(a,b):
    global n
    n=b
    return a*b
s=func("nice*",2)
print(s,n)
```

4. 以下代码的运行结果是_____。

```
def deco(func):
    print('before f1')
    return func
@deco
def f1():
    print('f1')
f1()
f1=deco(f1)
```

5. 以下代码的运行结果是_____。

```
counter=1
num=0
def func():
    global counter
    for i in (1,2,3):counter+=1
    num=8
```

```
func()
print(counter,num)
```

6. 以下代码的运行结果是_____。

```
FA=lambda x,y:(x>y)*x+(x<y)*y
FB=lambda x,y:(x>y)*y+(x<y)*x
a=1
b=2
print(FA(a,b),FB(a,b))
```

7. 以下代码的运行结果是_____。

```
def func(str1):
    str2 = ''.join([x for x in str1 if 'a' <= x <= 'z' or 'A' <= x <= 'Z'])
    return str2
x = ' 12a&bc12d+e'
print(func(x))
```

8. 以下代码的运行结果是_____。

```
def func(str1):
    str2 = ''
    for i in range(len(str1)):
        if i == 0 and 'a' <= str1[i] <= 'z':
            str2 += chr(ord(str1[i])-32)
        else:
            str2 += str1[i]
    return str2
x = 'hello123'
print(func(x))
```

9. 以下代码的运行结果是_____。

```
def func(a,b):
    a,b=b,a
    return(a,b)
x=10
y=15
x,y=func(x,y)
print(x,y)
```

10. 以下代码的运行结果是_____。

```
def func4(str1):
    for i in str1:
        if not '1' <= i <= '9':
            return False
        else:
            return True
print(func4('12222ba'))
```

四、编程题

1. 编写函数，求两个正整数的最大公约数。例如，如果输入"48，24"，输出24；如果输入"48，78"，输出3。

2. 利用递归函数调用，将所输入的5个字符以相反的顺序输出。例如，输入"abcde"，输出"edcba"。

3. 编写一个函数，计算多个数字的乘积（参数的个数不确定），计算后返回结果。

4. 编写计算 1+3+⋯+(2n-1)的函数。

5. 编写一个自定义函数，将[1,2,3,-5,-4,5,9,-8,-1]重新排列，使所有负数在正数的前面。

第7章　面向对象程序设计

7.1　知识要点回顾

7.1.1　面向对象的基本概念

（1）对象：现实世界中客观存在的事物。任何对象都由属性和方法组成，属性表示对象的特征，方法描述的是对象的行为。

（2）类：具有相同属性和行为的一组对象的集合。

（3）消息：一个对象要求另一个对象实施某项操作的请求。

（4）封装：把对象的数据（属性）和操作数据的过程（方法）结合在一起，构成独立的单元。

（5）继承：子类从父类那里获得属性和方法，并且可以对这些属性和方法加以改造，使之具有自己的特点。

（6）多态：不同对象调用同一个方法时产生不同的行为。

7.1.2　类和对象

1. 类的定义

定义类的一般格式如下。

```
class 类名：
    类体
```

例如：

```
class Person:
    name='cc'
    def printname(self):
        print(self.name)
```

2. 对象的创建

创建对象的一般格式如下。

```
对象名=类名(参数列表)
```

例如：

```
p=Person()
```

创建对象后，可以使用 "." 运算符访问这个对象的属性和方法，一般格式如下。

对象名.属性名

或：

对象名.函数名()

7.1.3　属性和方法

1. 属性的访问控制

Python 以属性命名的方式来区分公有属性和私有属性。在属性名前加 2 个下画线（__）表明该属性是私有属性，否则为公有属性。

2. 方法的访问控制

在类中定义的方法至少有一个参数，一般以名为 self 的变量作为参数，且作为第一个参数。self 表示对象自身。

3. 类属性

类属性是类对象拥有的属性，被所有类对象的实例对象所公有。在类外可以通过类对象和实例对象访问公有类属性。类属性还可以在类定义结束后通过类名增加。

4. 实例属性

实例属性不需要在类中显式定义，而在__init__构造函数中定义，定义时以 self 作为前缀。实例属性属于实例对象，只能通过对象名访问。

5. 构造方法

构造方法__init__(self,…)在生成对象时调用，可以用来进行属性初始化操作，不需要显示调用。

6. 析构方法

析构方法__del__(self)在释放对象时调用，可以在其中进行一些释放资源的操作。

7. 类方法

类方法是类对象拥有的方法，需要用修饰器 "@classmethod" 标识。类方法的第一个参数必须是类对象，一般以 "cls" 命名。

8. 实例方法

实例方法是类中最常定义的成员方法，至少有一个参数，且第一个参数为实例对象本身，一般命名为 self。

9. 静态方法

静态方法需要通过 "@staticmethod" 进行修饰，一般不需要参数。

7.1.4 继承

1. 继承

一个新类从已有类那里获得已有属性和方法，这种现象称为类的继承。被继承的类称为父类或超类、基类，继承的类称为子类。

类继承的定义形式如下。

```
class 子类名(父类名):
    类体
```

子类继承父类的所有公有属性和方法，可以在子类中通过父类名调用；对于私有属性和方法，子类不进行继承。

2. 多重继承

Python 支持多重继承，允许一个子类同时继承多个父类。多重继承的定义形式如下。

```
class 子类名(父类名 1,父类名 2,...):
    类体
```

7.2 实训内容

实验一 验证性实验

一、实验目的

1. 理解面向对象程序设计的基本概念。
2. 掌握类与对象的定义和使用方法。
3. 掌握类的继承和多态的实现方法。
4. 掌握面向对象程序设计的应用方法。

二、实验设备和仪器

1. 计算机。
2. Windows 10 操作系统。
3. IDLE 集成开发环境。

三、实验内容与步骤

（一）调试程序 1

1. 实验要求。

阅读以下程序，写出该程序的运行结果，然后在 IDLE 中验证是否正确。

2. 程序代码。

```
import math
class Circle:
    def __init__(self,radius):
```

```
            self.radius=radius
        def getRadius(self):
            return self.radius
        def getArea(self):
            return math.pi*self.radius*self.radius
c1=Circle(10)
print(c1.getRadius())
print('{:7.2f}'.format(c1.getArea()))
```

3. 实验步骤。

步骤一：在 D 盘的根目录下创建一个以学号命名的文件夹，例如 D:\201310001。

步骤二：打开 IDLE。依次单击"File"→"New File"，新建一个 Python 文件并保存为 prog1.py，输入程序代码。

步骤三：依次单击"Run"→"Run Module"，或者按 F5 键，在 IDLE Shell 中查看程序运行结果，如图 7.1 所示。

```
====================== RESTART: D:/课程资料/pythony例子/prog1.py ===============
======
10
 314.16
```

图 7.1　程序运行结果

（二）调试程序 2

1. 实验内容。

定义一个汽车类 Car，并在其中定义一个 move()方法，为该类创建 car_BMW、car_BYD 对象，添加颜色、马力、型号等属性，然后调用 move()方法输出属性。

2. 程序代码。

```
class Car:
    def move(self):
        print('汽车正在行驶中')

car_BMW=Car()
car_BMW.color="黑色"
car_BMW.horsepower="200"
car_BMW.model="X3"
car_BMW.move()
print("这辆%s%s 的马力是%s 匹"%(car_BMW.color,car_BMW.model,car_BMW.horsepower))

car_BYD=Car()
car_BYD.color="白色"
car_BYD.horsepower="300"
car_BYD.model="S7"
car_BYD.move()
print("这辆%s%s 的马力是%s 匹"%(car_BYD.color,car_BYD.model,car_BYD.horsepower))
```

3. 实验步骤。

步骤一：打开 IDLE。依次单击"File"→"New File"，新建一个 Python 文件并保存为 prog2.py，并输入程序代码。

步骤二：依次单击“Run”→“Run Module”，或者按 F5 键，在 IDLE Shell 中查看运行结果，如图 7.2 所示。

```
===================== RESTART: D:/课程资料/pythony例子/prog2.py ===============
======
汽车正在行驶中
这辆黑色X3的马力是200匹
汽车正在行驶中
这辆白色S7的马力是300匹
```

图 7.2　运行结果

（三）调试程序 3

1. 实验内容。

编写一个学生类 Student，定义 3 个属性 name、age、id，分别表示学生的姓名、年龄和学号。第一个学生的学号为 1，每生成一个学生对象，学号加 1。初始化学生对象时，需要提供姓名和年龄。生成学生对象后，需要调用自定义的 info()方法输出姓名、年龄和学号。

根据题意，每个实例的学号都需要在之前实例的基础上加 1，因此所有学生的学号应该被定义成类属性，是所有学生实例共用的属性；而姓名和年龄这两个属性是每一个实例独有的，在不同实例之间是完全独立的，应该设置为实例属性。

2. 程序代码。

```
class Student:
    id=0
    def __init__(self,name,age):
        self.name=name
        self.age=age
        Student.id+=1
    def info(self):
        print('My name is %s,age is %d, id is %d'%(self.name,self.age,Student.id))
stu1=Student("zhangsan",18)
stu1.info()
stu2=Student("lisi",19)
stu2.info()
stu3=Student("wangwu",20)
stu3.info()
```

3. 实验步骤。

步骤一：打开 IDLE。依次单击“File”→“New File”，新建一个 Python 文件并保存为 prog3.py，并输入程序代码。

步骤二：依次单击“Run”→“Run Module”，或者按 F5 键，在 IDLE Shell 中查看运行结果，如图 7.3 所示。

```
==================== RESTART: D:/课程资料/pythony例子/8-1-prog3.py =============
======
My name is zhangsan,age is 18, id is 1
My name is lisi,age is 19, id is 2
My name is wangwu,age is 20, id is 3
```

图 7.3　运行结果

（四）调试程序 4

1. 实验内容。

利用面向对象的多态特征，编写程序求几种几何图形的面积。

2. 程序代码。

```python
import math
class Graphic:
    def __init__(self,name):
        self.name=name
    def cal_square(self):
        pass
class Triangle(Graphic):
    def __init__(self,name,h,b):
        super().__init__(name)
        self.h=h
        self.b=b
    def cal_square(self):
        square=1/2*self.h*self.b
        print("{}的面积是{:.2f}".format(self.name,square))
class Circle(Graphic):
    def __init__(self,name,r):
        super().__init__(name)
        self.r=r
    def cal_square(self):
        square=math.pi*self.r*self.r
        print("{}的面积是{:.2f}".format(self.name,square))


if __name__=="__main__":
    t1=Triangle("三角形",6,8)
    c1=Circle("圆",3)
    t1.cal_square()
    c1.cal_square()
```

3. 实验步骤。

步骤一：打开 IDLE。依次单击"File"→"New File"，新建一个 Python 文件并保存为 prog4.py，并输入程序代码。

步骤二：依次单击"Run"→"Run Module"，或者按 F5 键，在 IDLE Shell 中查看运行结果，如图 7.4 所示。

```
>>>
==================== RESTART: D:/课程资料/pythony例子/8-1-prog4.py =============
======
三角形的面积是24.00
圆的面积是28.27
>>>
```

图 7.4　运行结果

实验二　启发性实验1

一、实验目的

1. 理解面向对象程序设计的基本概念。
2. 掌握类与对象的定义和使用方法。
3. 掌握类的继承和多态的实现方法。
4. 掌握面向对象程序设计的应用方法。

二、实验设备和仪器

1. 计算机。
2. Windows 10 操作系统。
3. IDLE 集成开发环境。

三、实验内容与步骤

1. 填空题 1。

有以下程序，请在横线处补充代码，实现以下功能。

定义一个 Circle 类，根据圆的半径求圆的周长和面积。再根据 Circle 类创建两个圆对象，其半径分别为 5 和 10，要求输出各自的周长和面积。

运行结果如图 7.5 所示。

```
======
半径=5,周长=31.41592653589793,面积=78.53981633974483
半径=10,周长=62.83185307179586,面积=314.1592653589793
```

图 7.5　运行结果

程序代码如下。

```
#请在横线处补充代码
#注意不要修改其他代码
import math
class Circle:
    def __1___(self,radius=5):
        self.radius=radius
    def getPeriameter(self):
        return 2*math.pi*self.radius
    def getArea(self):
        return math.pi*self.radius*self.radius
c1=Circle()
c2=____2____
print('半径='+str(c1.radius),'周长='+str(c1.getPeriameter()),'面积='+str(c1.getArea()),sep=",")
print('半径='+str(c2.radius),'周长='+str(c2.getPeriameter()),'面积='+str(c2.getArea()),sep=",")
```

2. 填空题 2。

有以下程序，请在横线处补充代码，实现以下功能。

定义一个 Person 类，实现以下功能。

（1）使用构造函数初始化属性，包括姓名（name）、年龄（age）、人物标签（tag）。

（2）定义一个 introduce()方法，用于输出人物信息。

（3）定义一个 modif_tag()方法，用于修改人物标签（tag）。

（4）实例化 Person 类为 person1，并输出 person1 的属性。

运行结果如图 7.6 所示。

```
======
name is:罗翔
 age is: 50
 tag is:教师
name is:罗翔
 age is: 50
 tag is:守法公民
```

图 7.6　运行结果

程序代码如下。

```
#请在横线处补充代码
#注意不要修改其他代码
class Person():
    def __init__(self,name,age,tag):          #类的构造函数，即类的初始化
        self.name = name
        self.age = age
        self.tag = tag
    def introduce(self):
        print("name is:%s\n age is: %s\n tag is:%s"%(___1___,self.age,self.tag))
    def modif_tag(self,newtag):
        _____2_____=newtag                    #修改人物标签

person1=Person("罗翔","50","教师")
_____3_____                                 #输出 person1 的属性
_____4_____（"守法公民"）                     #修改 tag 属性
person1.introduce()                          #输出修改后的 person1 的属性
```

3. 编程题 1。编写程序，实现以下功能。

（1）定义一个三角形类 Triangle。

（2）使用 __init__ 方法，在创建某个三角形对象时为其添加三个属性，分别表示三条边的长度。

（3）为 Triangle 类定义一个 get_area()方法，求三角形的面积。

（4）为 Triangle 类定义一个 get_cal()方法，求三角形的周长。

（5）使用 Triangle 类创建 1 个三角形对象 triangle1，并调用 get_area()方法和 get_cal()方法求其面积和周长，结果保留三位小数。

程序运行结果如图 7.7 所示。

```
==================== RESTART: D:\课程资料\pythony例子\8-2-prog3.py =
请依次输入三边边长：
请输入三边之a：3
请输入三边之b：4
请输入三边之c：5
三角形的面积是6.000,三角形的周长是12.000
```

图 7.7　程序运行结果

程序代码如下。

```
#以下代码为提示框架
#请在...处用一行或多行代码替换
#注意：提示框架的代码可以任意修改，以完成程序功能为准
import math
class Triangle:
    def __init__(self,a,b,c):
        ...
    def get_area(self):
        ...
    def get_cal(self):
        ...
...
if a>0 and b>0 and c>0 and a+b>c and b+c>a and a+c>b:
    ...
else:
    ...
```

4. 编程题 2。请按照以下说明修改代码。

编写一个马（Horse）类，这个类有 3 个属性，分别是年龄（age）、品种（category）及性别（gender）。创建一个对象时，需要为其指定年龄、品种及性别。Horse 类还有一个 get_descriptive()方法，能组合马的这 3 个属性，形成一个字符串保存在属性 info 中。

每一匹马都有自己的最快速度，所以 Horse 类有一个速度（speed）属性，用于存储马的最快速度。在马的生命过程中，它的速度一直在变，因此 Horse 类还有一个 print_speed()方法，用来更新马当前的最快速度。

要求调用 get_descriptive()和 print_speed()方法，将结果输出在屏幕上。例如，输出"一匹阿拉伯 12 岁的公马，在草原上奔跑的速度为 50km/h"。

程序代码如下。

```
#以下代码为提示框架
#请在...处用一行或多行代码替换
class Horse():
    def __init__ (self,category,gender,age):
        ...
    def get_descriptive(self):
        ...
    def print_speed(self,new_speed):
        ...
...
```

实验三　启发性实验 2

一、实验目的

1. 理解面向对象程序设计的基本概念。
2. 掌握类与对象的定义和使用方法。

3. 掌握类的继承和多态的实现方法。

4. 掌握面向对象程序设计的应用方法。

二、实验设备和仪器

1. 计算机。

2. Windows 10 操作系统。

3. IDLE 集成开发环境。

三、实验内容与步骤

1. 填空题 1。请在横线处补充代码，实现以下功能。

定义一个父类 Animal，该类包括构造方法和一个通用的方法 enjoy()。子类 Dog 和 Cat 继承自父类 Animal，并且根据各自的特征重写了 enjoy()方法。

程序运行结果如图 7.8 所示。

```
================================
======
米奇 喵喵叫
大黄 汪汪叫
```

图 7.8 程序运行结果

程序代码如下。

```
#请在横线处补充代码
#注意不要修改其他代码
class Animal:
    def __init__(_____,aname):
        self.name=aname
    def enjoy(self):
        print("nangnang")
class Dog(_____):
    def enjoy(self):
        print(self.name,"汪汪叫")
class Cat(_____):
    def enjoy(self):
        print(self.name,"喵喵叫")
cat=Cat("米奇")
dog=_____("大黄")
cat.enjoy()
dog.enjoy()
```

2. 填空题 2。请在横线处补充代码，实现以下功能。

定义一个 Phone 类，包括两个方法，可分别实现接电话和打电话的功能；定义一个用于收发信息的 Message 类，包括接收短信和发送短信的两个方法；最后定义继承自 Phone 类和 Message 类的子类 Mobile，该类内部没有任何方法，所有方法均来自父类。在主程序中创建一个 Mobile 类的对象 mobile，调用两个父类的方法。

程序运行结果如图 7.9 所示。

```
===================== RESTART:
======
接电话
打电话
接收短信
发送短信
```

图 7.9 程序运行结果

程序代码如下。

```
class Phone:
    def receive(self):
        print("接电话")
    def send(self):
        print("打电话")
class Message():
    def receivemsg(self):
        print("接收短信")
    def sendmsg(self):
        print("发送短信")
class Mobile(_____,_____):
    pass
mobile=_____          #根据 Mobile 类创建对象
mobile._____          #调用 receive()方法
mobile.send()
mobile.receivemsg()
mobile._____          #调用 sendmsg()方法
```

3. 编程题 1。编写程序，实现以下功能。

定义 Student 类，继承自父类 Person，并添加 3 个属性，用来记录语文、数学、英语成绩；定义两个方法 get_max()和 get_average()，用来获取 3 门课的最高分和平均分。

程序运行结果如图 7.10 所示。

```
===================== RESTART: D:/课程资料/pytł
======
张一一最高分是96,平均分是89.0
```

图 7.10 程序运行结果

```
#以下代码为提示框架
#请在...处用一行或多行代码替换
#注意：提示框架的代码可以任意修改，以完成程序功能为准
class Person:
    def __init__(self,name,gender):
        self.name=name
        self.gender=gender
    def who(self):
        return self.name
class Student(Person):
    def __init__(self,name,gender,ch,ma,en):
        ...
    def get_max(self):
```

```
        ...
    def get_average(self):
        ...

#主程序
stu=Student("张一一","女",91,80,96)
...
```

4. 编程题 2。编写程序，实现以下功能。

定义一个字典类 Dictclass，完成以下功能。

（1）定义一个方法 del_dict()，用于删除某个键对应的键值对。

（2）定义一个方法 get_dict()，用于判断某个键是否在字典中，如果在字典中则返回键对应的值，如果不在字典中则返回"没找到"。

（3）定义一个方法 get_key()，用于返回键组成的列表。

（4）创建对象 d1，调用 del_dict()方法删除字典 dic 中键为 1 的键值对，并输出删除后的字典。

（5）调用 get_dict()方法，在字典 dic 中查找键 2，并输出其对应的值。

（6）调用 get_key()方法，输出字典 dic 的所有键组成的列表。

程序运行结果如图 7.11 所示。

```
{2: 'bb', 3: 'cc', 4: 'dd'}
bb
[2, 3, 4]
```

图 7.11 程序运行结果

```
#以下代码为提示框架
#请在...处用一行或多行代码替换
#注意：提示框架的代码可以任意修改，以完成程序功能为准
class Dictclass():
    def del_dict(delf,dict,key):
        ...
    def get_dict(self,dict,key):
        ...
    def get_key(self,dict):
        ...
d1=Dictclass()
dic={1:'aa',2:'bb',3:'cc',4:'dd'}
#删除字典 dic 中键为 1 的键值对，并输出删除后的字典
#查找键 2，并输出其对应的值
#输出字典 dic 的所有键组成的列表
...
```

实验四　设计性实验

一、实验目的

1. 理解面向对象程序设计的基本概念。

2. 掌握类与对象的定义和使用方法。

3. 掌握类的继承和多态的实现方法。

4. 掌握面向对象程序设计的应用方法。

二、实验设备和仪器

1. 计算机。

2. Windows 10 操作系统。

3. IDLE 集成开发环境。

三、实验内容与步骤

1. 编写程序，实现以下功能。

（1）设计一个表示动物的类 Animal，该类包含颜色（color）属性和 call()方法。call()方法的功能是以"动物叫 XX"的格式输出。

（2）设计一个表示鱼的类 Fish，该类包括尾巴（tail）属性和颜色（color）属性，以及 call()方法。call()方法的功能是以"鱼在吐泡泡"的格式输出。

（3）根据 Animal 类创建一个对象 animal1，颜色（color）属性为"白色"，并调用 call()方法。

（4）根据 Fish 类创建一个对象 fish1，颜色（color）属性为"蓝色"，尾巴（tail）属性为 True，并调用 call()方法。

编程提示：让 Fish 类继承 Animal 类，重写__init__()构造方法和 call()方法。

7.3　课后习题

一、选择题

1. Python 中定义类的关键字是（　　　）。

A. def　　　　　　　　B. class　　　　　　　　C. function　　　　　D. defun

2. 在下面的代码中，Dog 类中的 __init__() 方法包含（　　　）个形参。

```
Class Dog():
    def _init_(self,name,age):
        self.name=name
        self.age=age
```

A. 0　　　　　　　　　B. 1　　　　　　　　　　C. 2　　　　　　　　D. 3

3. 下面哪一种定义是类的私有成员？（　　　）

A. _xx　　　　　　　　B. _xx_　　　　　　　　C. __xxx　　　　　　D. xxx

4. 下列关于构造方法__init__()的描述错误的是（　　　）。

A. 不需要由用户显式调用，而在实例化类时自动被调用

B. __init__()方法可以有参数

C. __init__()方法的参数将在实例化时提供

D. __init__()方法需要由用户显式调用

5. 下列关于类的说法中错误的是（　　　）。

A. 类是一种实例

B. 类进行实例化时会首先运行该类中的__init__()方法

C. 在对类进行实例化时，传入的参数不需要带上 self，它在类运行过程中将自行带上

D. 类中的变量带有前缀 self 意味着此变量可以在类的任意位置使用

6. 一个类继承另一个类，被继承的这个类称为（　　　）。

A. 超类　　　　　　　　　　　　　B. 子类

C. 类　　　　　　　　　　　　　　D. 继承类

7. 下列选项中，与 class A 等价的写法是（　　　）。

A. class A: (object)　　　　　　　　B. class A: object

C. class A object　　　　　　　　　D. class A(object):

8. 下面关于类的继承的说法中错误的是（　　　）。

A. 创建子类时，父类必须包含在当前文件中，且位于子类的前面

B. 定义子类时，必须在括号内指明子类要继承的父类名称

C. 如果调用的是继承自父类的公有方法，可以在这个公有方法中访问父类的私有属性和私有方法

D. 如果在子类中实现了一个公有方法，该方法也能调用父类的私有方法和私有属性

9. 下面的说法中正确的是（　　　）。

A. Python 不支持面向对象程序设计

B. Python 中使用的所有函数都是用 Python 语言编写的

C. Python 中的内置函数需要用关键字 import 导入，不能直接使用

D. 如果导入了某个模块，在后面的代码中就可以使用它的所有公共函数、类和属性

10. 下列关于对象和类的描述中错误的是（　　　）。

A. 每个对象都是由其对应的类创建的

B. 对象是类的实例化

C. 如果直接使用类名修改属性，不会影响已经实例化的对象

D. 类是具有相同属性和方法的对象的集合

11. 面向对象程序设计的三要素不包含（　　　）。

A. 封装　　　　　　B. 公有　　　　　　C. 继承　　　　　　D. 多态

12. 下面关于继承的说法中错误的是（　　　）。

A. 创建子类实例时，Python 首先需要完成的任务是给父类的所有属性赋值

B. super()函数是一个特殊函数，可以将父类和子类关联起来

C. super()函数只需要一个参数，即子类名

D. 对于父类的方法，可对其进行重写，即在子类中定义一个方法，它与父类的方法同名

13. 下列说法中错误的是（　　　）。

A. 在 Python 中一个类可以继承多个父类

B. 某个类把所需要的数据和对数据的操作封装在类中，分别称为类的成员变量和方法，这种编程特性称为封装

C. 类中公有的成员方法和私有的成员方法可以通过名字来区分

D. 子类继承父类时，父类的私有属性和方法都会被子类继承

14. 根据以下类定义和对象列表，不会输出"Iris"的语句是（　　）。

```
class St:
    def __init__(self,name,age):
        self.name=name
        self.age=age
s=[St("John",19),St("Iris",18),St("Mary",17),St("Jack",16)]
```

A. print(s[1].name)　　　　　　　　　　B. print(s[2].name)

C. print("%s" % s[1].name)　　　　　　　D. print("{}".format(s[1].name))

15. 在类的方法定义中，可以通过表达式（　　）访问实例变量 x。

A. x　　　　　　B. self.x　　　　　　C. self(x)　　　　　　D. this.x

16. 在面向对象程序设计时，程序员的首要任务之一是（　　）。

A. 列出问题对应的变量　　　　　　　　B. 列出所需方法

C. 确定所需的类　　　　　　　　　　　D. 确定所需对象

17. 构造方法的作用是（　　）。

A. 复制对象　　　　　　　　　　　　　B. 初始化对象

C. 类的初始化　　　　　　　　　　　　D. 建立对象

18. 定义继承 furniture 类的 table 类的正确写法是（　　）

A. class furniture[table]:　　　　　　　B. class table.furniture:

C. class furniture(table):　　　　　　　D. class table(furniture):

19. Python 的类中包含一个特殊的变量（　　），它表示当前对象自身，可以访问类的成员。

A. self　　　　　　B. me　　　　　　C. this　　　　　　D. there

20. 根据 Car()类创建实例对象，以下代码中正确的是（　　）。

```
class Car():
    def __init__(self):
        self.name="宝马"
```

A. Car=car()　　　　　　　　　　　　　B. car=car()

C. car=Car()　　　　　　　　　　　　　D. Car=Car()

21. 在上题定义的 Car 类中，自定义 speed 方法，功能是输出"行驶速度为 60km/h"，以下代码中正确的是（　　）。

A. def speed():　　　　　　　　　　　B. def speed(self):
　　print("行驶速度为 60km/h")　　　　　print("行驶速度为 60km/h")

C. def speed(self)　　　　　　　　　　D. def speed()
　　print("行驶速度为 60km/h")　　　　　print("行驶速度为 60km/h")

22. 以下代码的运行结果是（　　）。

```
class St:
    def __init__(self,a,b):
        self.a=a
        self.__b=b
s3=St(0,1)
```

```
print(s3.__b)
```

A. 0   B. 1
C. 随机数   D. 语句出错

23. 关于面向过程程序设计和面向对象程序设计，下列说法中错误的是（   ）。

A. 面向过程程序设计和面向对象程序设计都是解决问题的思路

B. 面向过程程序设计基于面向对象程序设计

C. 面向过程程序设计强调的是解决问题的步骤

D. 面向对象程序设计强调的是解决问题的对象

24. （   ）可以对类外部的代码隐藏类的属性。

A. 使用 self 参数创建属性

B. 属性的名称以"__"开头

C. 用 private 关键字修饰属性

D. 属性的名称以"@"开头

25. C 类继承 A 类和 B 类，语法正确的是（   ）。

A. class C(A->B)   B. class C (A,B) :
C. class C(A,B)   D. class C->A,B

26. 一个子类同时继承多个父类的行为称为（   ）。

A. 继承   B. 多重继承
C. 简单继承   D. 复杂继承

27. 在下面的代码中，子类的名称是（   ）。

```
class Rose(Flower):
```

A. Rose   B. Flower
C. Rose(Flower)   D. 以上都不是

28. 不同的对象调用同一个方法时会产生不同的行为，这种现象称为（   ）。

A. 封装   B. 继承   C. 多态   D. 以上都不是

29. 有以下程序代码。

```
class A:
    def __init__(self,name):
        self.name=name
    def show(self):
        print("A 类： ",self.name)
class B(A):
    def show(self):
        print("B 类： ",self.name)
```

说法正确的是（   ）。

A. B 类是 A 类的父类

B. B 类重写了 A 类的 show()方法，这是多态的一种体现

C. A 类继承了 B 类

D. 以上说法都是错误的

30. 以下程序的输出结果是（　　　）。

```
class A:
    def __init__(self,name):
        self.name=name
    def show(self):
        print("A 类：",self.name)
class B(A):
    def show(self):
        print("B 类：",self.name)
a=A("2")
b=B("1")
b.show()
```

A. A 类：2　　　　　　　　　　　　B. B 类：1
C. B 类：2　　　　　　　　　　　　D. A 类：1

二、填空题

1. 要定义一个类的私有方法，Python 的惯例是使用_____开始方法的名称。

2. 对象的操作过程称为_____。

3. 在面向对象程序设计中，将细节隐藏在类定义中，术语称为_____。

4. 在 class Python(Course):中，父类的名称是_____，子类的名称是_____。

5. 假设已经创建了一个对象 football，调用 football 对象的 play()方法的语句是_____。

6. 在面向对象程序设计中，不同的对象调用同一种方法时会产生不同的行为，称为_____。

7. 类的方法必须有一个_____参数，位于参数列表的开头。

8. Python 提供了名为_____的构造方法来让类的对象完成初始化；提供了名为_____的方法在释放对象时调用，用来释放内存空间。

9. 以下代码定义了 Human 类，创建该类的一个实例对象 h1 的语句是_____。

```
class Human：
    def __init__(self):
        self.name="张三"
```

10. 访问上题中 h1 对象的 name 属性的代码是_____。

三、程序阅读题

1. 以下代码的运行结果是_____。

```
class Account:
    def __init__(self,id):
        self.id=id
        id=1688
acc=Account(100)
print(acc.id)
```

2. 以下代码的运行结果是＿＿＿＿＿。

```python
class Count:
    def __init__(self, count = 0):
        self.__count = count
c1 = Count(2)
c2 = Count(2)
print(id(c1) == id(c2), end = " ")
s1 = "Good"
s2 = "Good"
print(id(s1) == id(s2))
```

3. 以下代码的运行结果是＿＿＿＿＿。

```python
class St:
    def __init__(self,name,age):
        self.name=name
        self.age=age
s=[St("John",19),St("Iris",18),St("Mary",17),St("Jack",16)]
t=0
for i in s:
    t+=i.age
t/=4
print(t)
```

4. 以下代码的运行结果是＿＿＿＿＿。

```python
class St:
    def __init__(self,a,b):
        self._a=a
        self.__b=b
    def setb(self,b):
        self.__b=b
    def getb(self):
        return self.__b
s=St(0,1)
s.setb(3)
print(s.getb())
```

5. 以下代码的运行结果是＿＿＿＿＿。

```python
class A:
    def __init__(self, i = 1):
        self.i = i
class B(A):
    def __init__(self, j = 2):
        super().__init__()
        self.j = j
b = B()
print(b.i, b.j)
```

6. 以下代码的运行结果是_____。

```python
class Car():
    def __init__(self,name,speed):
        self.name=name
        self.speed=speed
class Bicycle(Car):
    def __init__(self,name,speed,color):
        Car.__init__(self,name,speed)
        self.color=color
c=Car("宝马","60km/h")
b=Bicycle("自行车","5km/h","黑色的")
print(b.color+b.name+"的速度是"+b.speed)
```

7. 以下代码的运行结果是_____。

```python
class Test:
    count=21
    def print_num(self):
        count=20
        self.count+=20
        print(count)
test=Test()
test.print_num()
```

8. 以下代码的运行结果是_____。

```python
class A:
    def __init__(self):
        print('A')
class C(A):
    def __init__(self):
        print('C')
c=C()
```

9. 以下代码的运行结果是_____。

```python
class A:
    def __init__(self):
        print('A')
class B():
    def __init__(self):
        print('B')
class C(A,B):
    pass
c=C()
```

10. 以下代码的运行结果是_____。

```python
class Parent():
    def func(self):
```

```
            print('This is in parent func.')
        def __init__(self):
            self.func()
class Son(Parent):
    def func(self):
            print('This is in son func')
s=Son()
```

四、编程题

1. 创建一个 Dog 类，添加 name、color 属性。根据 Dog 类创建 dog 对象，并访问对象的属性。要求输出结果是"泰迪是黄色的"。

2. 根据 Ball 类的定义代码，在该类中添加一个 play()方法，显示"打篮球"。根据 Ball 类创建一个 basketball 对象，调用该对象的 play 方法，输出"打篮球"。

```
class Ball:
    def __init__(self,name):
        self.name='篮球'
```

3. 已知父类 Father，使用继承的方式创建子类 son()，添加 skill 属性，重写子类的方法并命名为 like()。创建子类对象 s，并调用 like()方法，使输出结果为"大头儿子爱看电视擅长模仿"。

```
class Father:
    def __init__(self,name,hobby):
        self.name=name
        self.hobby=hobby
    def make(self):
        print(self.name+self.hobby)
```

第8章 文件

8.1 知识要点回顾

8.1.1 文件概述

1. 文件的概念

文件是存储在外部介质上的一组相关信息的集合。根据文件数据的组织形式，Python 中的文件可分为文本文件和二进制文件。文本文件的每个字节都放置了一个 ASCII 编码，代表一个字符。而二进制文件则将内存中的数据按照其在内存中的存储形式原样输出到磁盘上进行存储。常见的二进制文件有数据库文件、图像文件、可运行文件等。

文本文件存储着人类可读的一个个字符，例如"hello""你好"等。当然，最终它们也是以二进制的形式存储在计算机中的。在文本文件中，一个字节代表一个字符，因此可以对字符逐个处理，便于输出字符。但是，文本文件通常占用的存储空间较多，且需要花费时间进行转换。相比之下，二进制文件可以节省外部存储空间和转换时间，但由于一个字节并不一定对应一个字符，因此不能直接以字符的形式输出。

通常情况下，需要暂时将中间数据保存在外部存储器中；需要读入内存中时，通常使用二进制文件进行存储。

2. 文件操作

文本文件和二进制文件的操作过程是一样的，即首先打开文件并创建文件对象，然后通过该文件对象对文件进行读/写操作，最后关闭文件。

文件的读操作是从文件中读取数据，再输入到计算机内存中；文件的写操作是向文件中写入数据。这里的读/写操作是相对于磁盘文件而言的，而输入/输出操作是相对于内存而言的。

8.1.2 文件的打开与关闭

1. 打开文件

打开文件是指在程序和操作系统之间建立联系，程序把所要操作的文件的信息传达给操作系统，这些信息包括文件名、读/写方式、读/写位置。对于读操作，首先要确认文件是否存在；如果是写操作，则要检查是否有同名文件，如有则先将该文件删除，然后新建一个文件，并将读/写位置设定于文件开头，准备写入数据。

1）open()函数

open()函数的一般调用格式为：

```
文件对象名=open(文件名[,打开方式][,缓冲区])
```

① 文件名指定被打开的文件名称，可以包含盘符、路径和文件名，是一个字符串。例如：

```
"d:\\test.py"
"d:\\python\\test.py"
```

将路径写成"d:\python\test.py"是不正确的，这一点要特别注意。这是因为在字符串中，"\\"表示字符"\"，其中第一个"\"表示转移字符的引导符。

② 打开方式用于控制使用何种方式打开文件，该参数是字符串，必须是小写字母。打开方式是可选参数，默认为 r（只读）。文件打开方式如表 8.1 所示。

表 8.1 文件打开方式

打开方式	含义	注意事项
r（只读）	为输入操作打开一个文本文件	操作的文件必须存在
rb（只读）	为输入操作打开一个二进制文件	
r+（读/写）	为读/写操作打开一个文本文件	
rb+（读/写）	为读/写操作打开一个二进制文件	
w（只写）	为输出操作打开一个文本文件	若文件存在，清空其原有内容（覆盖文件），反之则创建新文件
wb（只写）	为输出操作打开一个二进制文件	
w+（读/写）	为读/写操作建立一个新文本文件	
wb+（读/写）	为读/写操作建立一个新二进制文件	
a（追加）	向文本文件末尾追加数据	
ab（追加）	向二进制文件末尾追加数据	
a+（读/写）	为读/写操作打开一个文本文件	
ab+（读/写）	为读/写操作打开一个二进制文件	

③ 缓冲区表示文件操作是否使用缓冲存储。如果缓冲区参数设置为 0，则表示不使用缓冲存储。如果该参数设置为 1，则表示使用缓冲存储。如果指定的缓冲区参数为大于 1 的整数，则表示该参数指定了缓冲区的大小。如果缓冲区参数为-1，则使用系统默认的缓冲区大小，这也是缓冲区参数的默认设置。

2）文件对象属性

文件被打开后，可以通过文件对象的属性得到该文件的各种信息，文件对象属性的引用方法为：

```
文件对象名.属性名
```

例如：

```
fo=open("file.txt","wb")
print("Name of the file:",fo.name)
```

```
print("Closed or not:",fo.closed)
print("Opening mode:",fo.mode)
```

运行结果为：

```
Name of the file: file.txt
Closed or not: False
Opening mode: wb
```

2. 关闭文件

用文件对象的 close()方法关闭文件，其调用格式为：

```
close()
```

close()方法用于关闭已打开的文件，将缓冲区中尚未存盘的数据写入磁盘中，并释放文件对象，例如：

```
fo=open("file.txt","wb")
print("Name of the file:",fo.name)
fo.close()
```

8.1.3 文本文件的操作

1. 文本文件的读取

1）read()方法

read()方法的用法如下。

```
变量=文件对象.read()
```

read()方法的功能是读取当前位置到文件末尾的内容，并作为字符串返回，赋给变量。read()方法通常将读取的文件内容存放在一个字符串变量中。

read()方法也可以有参数，用法如下。

```
变量=文件对象.read(size)
```

其功能是从文本文件的当前位置开始读取 size 个字符的内容，并作为字符串返回，赋给变量。如果 size 大于当前位置到末尾的字符数，则返回这些字符。

2）readline()方法

readline()方法的用法如下。

```
变量=文件对象.readline()
```

readline()方法的功能是读取当前位置到行末（即下一个换行符）的所有字符，并作为字符串返回，赋给变量。通常用此方法来读取文件的当前行，包括行结束符。如果当前处于文件末尾，则返回空字符串。

3）readlines()方法

readlines()方法的用法如下。

```
变量=文件对象.readlines()
```

readlines()方法的功能是读取当前位置到文件末尾的所有行，并将这些行构成列表返回，赋给变量。列表中的元素是每一行内容构成的字符串。如果当前处于文件末尾，则返回空列表。

2. 文本文件的写入

1）write()方法

write()方法的用法如下。

文件对象.write(字符串)

write()方法的功能是在文件的当前位置写入字符串，并返回字符的个数。

2）writelines()方法

writelines()方法的用法如下。

文件对象.writelines(字符串元素的列表)

writelines()方法的功能是在文件的当前位置依次写入列表中的所有字符串。

8.1.4　二进制文件的操作

1. 文件的定位

1）tell()方法

tell()方法的用法如下。

文件对象.tell()

tell()方法的功能是获取当前位置，即相对于文件开始位置的字节数，下一个读取或写入操作将发生在当前位置。例如：

```
>>> fo=open("data.txt","r")
>>> fo.tell()
0
```

2）seek()方法

seek()方法的用法如下。

文件对象.seek(偏移[,参考点])

seek()方法的功能是更改当前文件位置。偏移参数表示要移动的字节数，移动时以设定的参考点为基准。偏移参数为正数表示向文件末尾方向移动，偏移参数为负数表示向文件开头方向移动。

参考点指定移动的基准位置。如果参考点设置为 0，意味着使用该文件的开头作为基准位置（这是默认的情况）；设置为 1 则使用当前位置作为基准位置；如果设置为 2，则使用该文件的末尾作为基准位置。

2. 二进制文件的读/写

1）read()方法和 write()方法

二进制文件的读取与写入可以使用文件对象的 read()方法和 write()方法。

2）struct 模块

read()方法和 write()方法以字符串为参数，对于其他类型的数据则需要进行转换。Python 可以用字符串类型来存储二进制数据。struct 模块的 pack()方法和 unpack()方法可以处理这种情况。

pack()方法可以把整数（或浮点数）打包成二进制字符串。

3）pickle 模块

pickle 模块中有 2 个常用的方法：dump()和 load()。

dump()方法的用法如下。

```
pickle.dump(数据,文件对象)
```

其功能是直接把数据转换为字节字符串，并保存到文件对象中。

load()方法的用法如下。

```
变量=pickle.load(文件对象)
```

其功能与 dump()方法相反。load()方法从文件中读取字符串，将它们转换为 Python 的数据对象。

8.1.5　文件管理方法

1. 文件重命名

rename()方法可以实现文件重命名，一般格式为：

```
os.rename("当前文件名","新文件名")
```

例如，将文件 test1.txt 重命名为 test2.txt，命令如下。

```
>>> import os
>>> os.rename("test1.txt","test2.txt")
```

2. 文件删除

可以使用 remove()方法删除文件，一般格式为：

```
os.remove("文件名")
```

例如，删除现有文件 test2.txt，命令如下。

```
>>> import os
>>> os.remove("text2.txt")
```

3. Python 中的目录操作

所有文件都存储在不同的目录下，os 模块有以下几种方法，可以创建、删除和更改目录。

1）mkdir()方法

mkdir()方法可以在当前目录下创建目录，一般格式为：

```
os.mkdir("新目录名")
```

例如，在当前目录下创建 test 目录，命令如下。

```
>>> import os
>>> os.mkdir("test")
```

2）chdir()方法

可以使用 chdir()方法改变当前目录，一般格式为：

```
os.chdir("目录名")
```

例如，将"d:\home\newdir"目录设定为当前目录，命令如下。

```
>>> import os
>>> os.chdir("d:\\home\\newdir")
```

3）getcwd()方法

getcwd()方法可以显示当前工作目录，一般格式为：

```
os.getcwd()
```

例如，要显示当前目录，命令如下。

```
>>> import os
>>> os.getcwd()
```

4）rmdir()方法

rmdir()方法可以删除目录，一般格式为：

```
os.rmdir("待删除目录名")
```

用 rmdir()方法删除一个目录时，先要删除目录中的所有内容。例如，删除空目录"d:\aaaa"，命令如下。

```
>>> import os
>>> os.rmdir('d:\\aaaa')
```

8.2　实训内容

实验一　验证性实验

一、实验目的

1. 掌握文件的基本概念。
2. 掌握文件程序填空的方法。
3. 掌握文件的操作方法。
4. 掌握文件的应用。

二、实验设备和仪器

1. 计算机。

2. Windows 10 操作系统。

3. IDLE 集成开发环境。

三、实验内容与步骤

（一）调试程序 1

1. 实验内容。

输入若干字符串，逐个将它们写入文件 data1.txt 中，输入"*"时结束。然后从该文件中逐个读取字符串，并在屏幕上显示出来。

2. 程序代码 prog1.py。

```
fo=open("data1.txt","w")              #打开文件，准备写入
print("输入多行字符串(输入'*'结束):")
s=input()                             #输入一个字符串
while s!="*":                         #不断输入，直到输入"*"
    fo.write(s+'\n')                  #向文件中写入一个字符串
    s=input()                        #输入一个字符串
fo.close()


fo=open("data1.txt","r")              #打开文件，准备读取
s=fo.read()
print("输出文本文件:")
print(s.strip())
```

3. 实验步骤。

步骤一：首先打开 IDLE 主窗口，新建文件，并将其保存为 prog1.py，然后输入程序代码。

步骤二：运行程序。依次选择"Run"→"Run Module"，或者直接按 F5 键，这时会开始运行程序。

步骤三：若程序没有错误，则会在 IDLE 主窗口中要求用户输入多行字符串，然后显示运行结果，如图 8.1 所示。

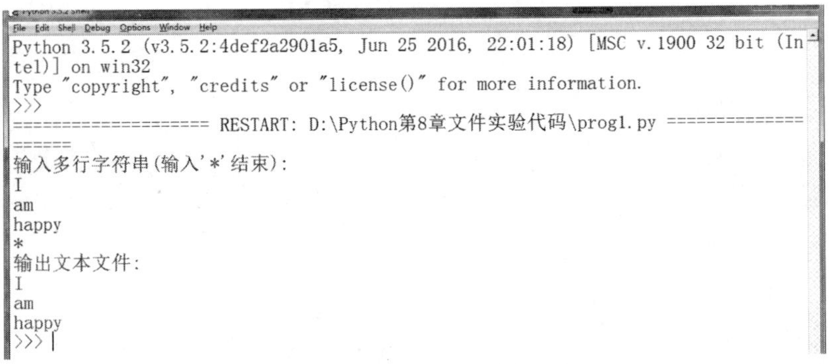

图 8.1 运行结果

（二）调试程序 2

1. 实验内容。

D 盘的 python 文件夹中有一个文本文件 data2.txt，其内容为"I am happy"。编写程序，尝试打开 D:\python 目录下的 data2.txt 文件，统计该文件中元音字母出现的次数。

2. 程序代码 prog2.py。

```
infile=open("d:\python\data2.txt","r")          #打开文件
s=infile.read()                                 #读取文件的全部字符
print(s)                                        #显示文件内容
n=0
for c in s:                                     #遍历读取的字符串
    if c in 'aeiouAEIOU':n+=1
print("元音字母个数",n)
infile.close()                                  #关闭文件
```

3. 实验步骤。

步骤一：首先打开 IDLE 主窗口，新建文件，并将其保存为 prog2.py，然后输入程序代码。

步骤二：运行程序。依次选择"Run"→"Run Module"，或者直接按 F5 键，这时会开始运行程序。

步骤三：若程序没有错误，则会在 IDLE 主窗口中要求用户输入数据，然后显示运行结果，如图 8.2 所示。

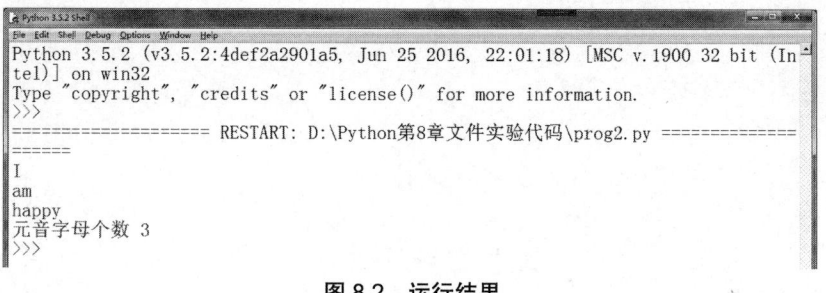

图 8.2　运行结果

（三）调试程序 3

1. 实验内容。

D 盘的 python 文件夹中有一个文本文件 data3.txt，其内容为"I am happy"。请编写程序，输入若干字符串，逐个将它们写入文件 data3.txt 的末尾，输入"*"时结束。然后从该文件中逐个读取字符串，并在屏幕上显示出来。

分析：首先以"a"方式打开文件 data3.txt，当前位置定位在文件末尾。先输入若干字符串，并将字符串存入一个列表中，然后通过 writelines()方法将全部字符串写入文件 data3.txt 中。

2. 程序代码 prog3.py。

```
print("输入多行字符串(输入"*"结束):")
lst=[]
while True:                                     #不断输入，直到输入"*"
```

```
        s=input()                              #输入一个字符串
        if s=="*":break
        lst.append(s+'\n')                     #将字符串附加在列表末尾
fo=open("d:\\python\\data3.txt","a")           #打开文件，准备追加数据
fo.writelines(lst)                             #向文件中写入字符串
fo.close()
fo=open("d:\\python\\data3.txt","r")           #打开文件，准备读取文本文件
s=fo.read()
print("输出文本文件:")
print(s.strip())
```

3. 实验步骤。

步骤一：首先打开 IDLE 主窗口，新建文件，并将其保存为 prog3.py，然后输入程序代码。

步骤二：运行程序。依次选择"Run"→"Run Module"，或者直接按 F5 键，这时会开始运行程序。

步骤三：若程序没有错误，则会在 IDLE 主窗口中要求用户输入数据，然后显示运行结果，如图 8.3 所示。

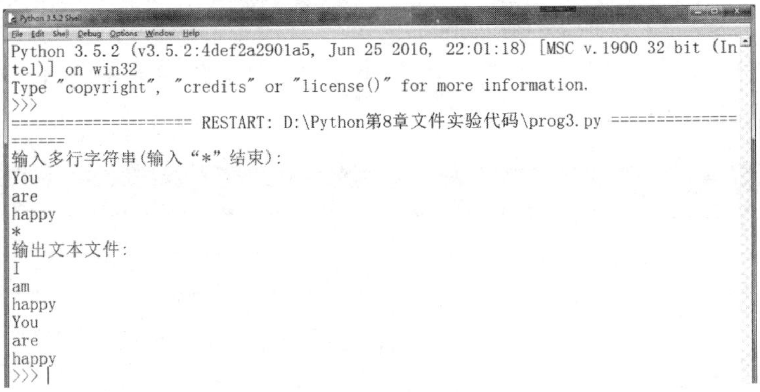

图 8.3　运行结果

（四）调试程序 4

1. 实验内容。

在 D 盘的 python 文件夹中建立一个文本文件 test.txt，输入若干单词，单词之间以空格分隔，如图 8.4 所示。请编写程序，尝试打开文本文件 test.txt，统计该文件中的单词个数。

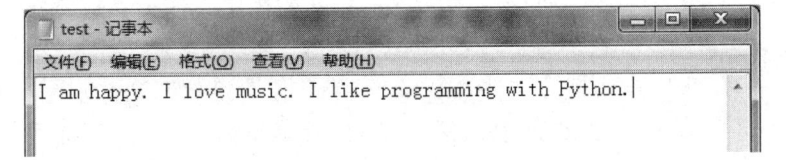

图 8.4　文本文件 test.txt

2. 程序代码 prog4.py。

```
count=0
with open("d:\\python\\test.txt","r") as fp:
```

```
        for lines in fp.readlines():
            for word in lines.split(' '):
                count+=1
print("单词个数为{}".format(count))
```

3. 实验步骤。

步骤一：首先打开 IDLE 主窗口，新建文件，并将其保存为 prog4.py，然后输入程序代码。

步骤二：运行程序。依次选择"Run"→"Run Module"，或者直接按 F5 键，这时会开始运行程序。

步骤三：若程序没有错误，则会在 IDLE 主窗口中要求用户输入数据，然后显示运行结果，如图 8.5 所示。

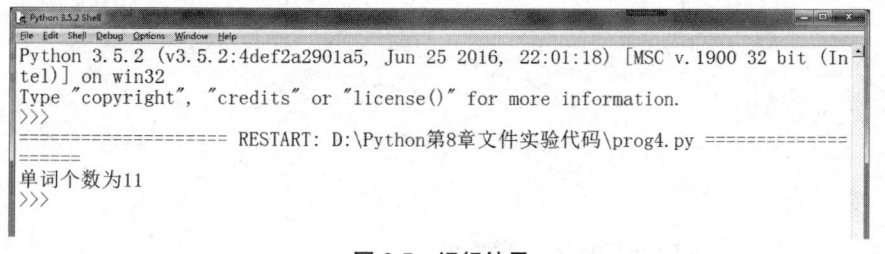

图 8.5　运行结果

（五）调试程序 5

1. 实验内容。

输入一个字符串，转变成字节数据并写入二进制文件中；从文件末尾到文件开头依次读取字符，对其加密后反向输出全部字符。加密规则是：对字符编码的中间两个二进制位进行"取反"运算。

分析：对中间两个二进制位进行"取反"运算的方法是将读取的字符编码与二进制数00011000（也就是十进制数 24）进行异或运算，将结果写回原位置。

2. 程序代码 prog5.py。

```
s=input('输入一个字符串:')
s=s.encode()                      #转变成字节数据
fo=open("data30.txt","wb")        #建立二进制文件
fo.write(s)
fo.close()
fo=open("data30.txt","rb")        #读取二进制文件
lst=[]
for n in range(1,len(s)+1):
    fo.seek(-n,2)                 #文件定位，从最后一个字符到第一个字符
    s=fo.read(1)
    s=chr(ord(s.decode())^24)     #加密处理
    lst.append(s)
lst="".join(lst)                  #将序列元素组合成字符串
print(lst)
fo.close()
```

3. 实验步骤。

步骤一：首先打开 IDLE 主窗口，新建文件，并将其保存为 prog5.py，然后输入程序代码。

步骤二：运行程序。依次选择"Run"→"Run Module"，或者直接按 F5 键，这时会开始运行程序。

步骤三：若程序没有错误，则会在 IDLE 主窗口中要求用户输入数据，然后显示运行结果，如图 8.6 所示。

```
File Edit Shell Debug Options Window Help
Python 3.5.2 (v3.5.2:4def2a2901a5, Jun 25 2016, 22:01:18) [MSC v.1900 32 bit (In
tel)] on win32
Type "copyright", "credits" or "license()" for more information.
>>>
==================== RESTART: D:\Python第8章文件实验代码\prog5.py ==============
======
输入一个字符串:I am happy
ahhyp8uy8Q
>>>
```

图 8.6　程序运行结果

四、实验报告要求

1. 写出程序 1 的实验原理与程序运行结果。
2. 写出程序 2 的实验原理与程序运行结果。
3. 写出程序 3 的实验原理与程序运行结果。
4. 写出程序 4 的实验原理与程序运行结果。
5. 写出程序 5 的实验原理与程序运行结果。

实验二　启发性实验 1

一、实验目的

1. 掌握文件程序设计与调试的方法。
2. 掌握文件程序填空的方法。
3. 提高文件程序编写能力。

二、实验设备和仪器

1. 计算机。
2. Windows 10 操作系统。
3. IDLE 集成开发环境。

三、实验内容与步骤

（一）填空题 1

1. 实验内容。

在 D 盘的 python 文件夹中建立一个文本文件 sample.txt，如图 8.7 所示。请将该文件的内容复制到另一个文件 sample_copy.txt 中，并将原文件中的小写字母全部转换为大写字母，其余格式均不变。

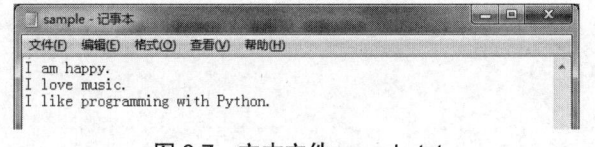

图 8.7　文本文件 sample.txt

2. 程序代码 prog6.py。

```
f=___1___("d:\\Python\\sample.txt","r")
L1=f.readlines()
f2=open("d:\\Python\\sample_copy.txt", ___2___)
for line in L1:
        f2.___3___(line.upper( ))
f2.close()
fo=open("sample_copy.txt","r")              #打开文件，准备读取文本文件
s=fo.read()
print("输出转换成大写字母后的文本文件:")
print(s.strip())
f.close()
fo.close()
```

请在横线处填入正确的内容，使程序得出正确的结果。注意：不得增行或删行，也不得更改程序的结构！

运行结果如图 8.8 所示。

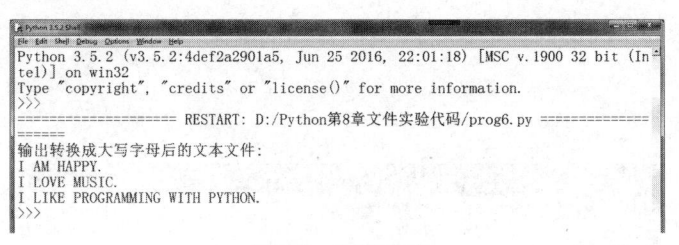

图 8.8　运行结果

（二）填空题 2

1. 实验内容。

number.txt 文件中有若干不小于 2 的正整数（数据间以逗号分隔），如图 8.9 所示。请编写程序，通过 prime()函数判断和统计 number.txt 文件中的素数以及素数个数，将全部素数以及素数个数输出到屏幕上。

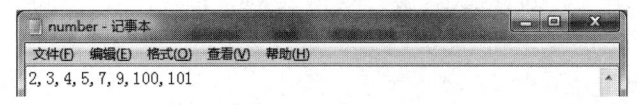

图 8.9　number.txt 文件

2. 程序代码 prog7.py。

```
def prime(a,n):                     #判断列表 a 中的 n 个元素是否是素数
    k=0
    for i in range(0,n):
```

```
            flag=1                      #素数标志
            for j in range(2,a[i]):
                if a[i]%j==0:
                    flag=0
                    break
            if flag:
                a[k]=a[i]               #将素数存入列表中
                k+=1                    #统计素数个数
        return k
    def main():
        fo=open("d:\\python\\number.txt",  ___1___ )
        s=  ___2___
        fo.close()
        x=s.split(sep=',')              #以","为分隔符将字符串分割为列表
        for i in range(0,len(x)):       #将列表元素转换成整数
            x[i]=int(x[i])
        m=prime(x,len(x))
        print('全部素数为:',end=' ')
        for i in range(0,m):
            print(x[i],end=' ')         #输出全部素数
        print()                         #换行
        print('素数的个数为:',end=' ')
        print(m)
    main()                              #输出素数个数
```

请在横线处填入正确的内容，使程序得出正确的结果。注意：不得增行或删行，也不得更改程序的结构！

运行结果如图 8.10 所示。

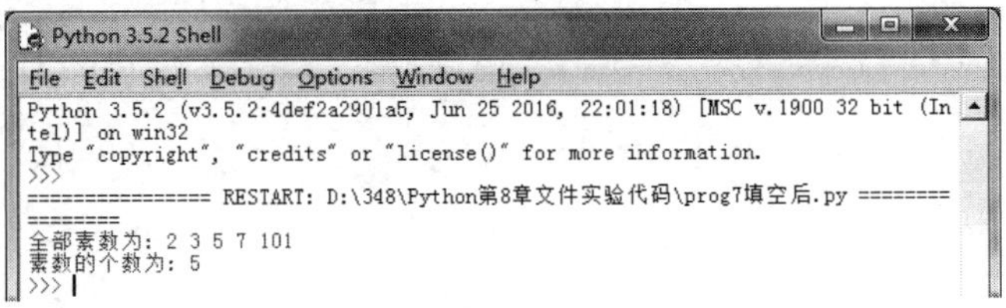

图 8.10　运行结果

（三）编程题 1

1. 实验内容。

请编写程序，创建文件 data8.txt，文件共有 20 行，每行存放一个 1~100 的随机整数。

2. 程序代码 prog8.py。

```
import random
f=open("d:\\python\\data8.txt","w+")
#将下面的代码补充完整
...
...
#请在...处用一行或多行代码替换
#注意：提示框架的代码可以任意修改，以完成程序功能为准
```

程序代码补充完整后，使程序得出正确的结果，运行结果如图 8.11 所示。

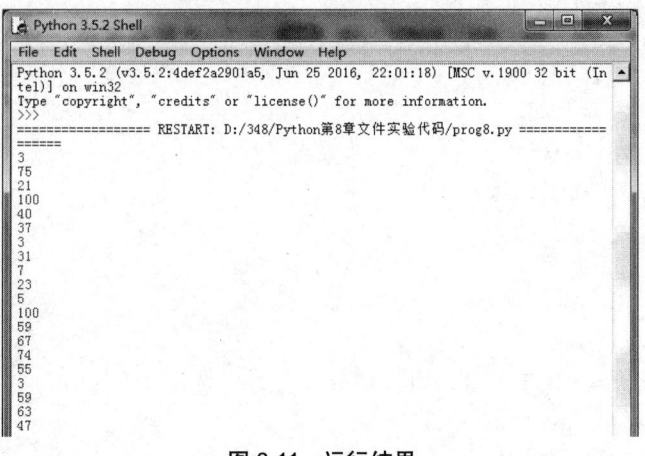

图 8.11　运行结果

（四）编程题 2

1. 实验内容。

D 盘的 python 文件夹中有一个 Data9.txt 文件，其内容为"admin，aaa111，unlock，0"。请编写程序，将文件内容读取出来，并将读取出来的数据转化为列表。

2. 程序代码 prog9.py。

```
f = open('d:\\python\\Data9.txt', 'r', encoding='utf8')
#将下面的代码补充完整
...
...
#请在...处用一行或多行代码替换
#注意：提示框架的代码可以任意修改，以完成程序功能为准
```

程序代码补充完整后，使程序得出正确的结果，运行结果如图 8.12 所示。

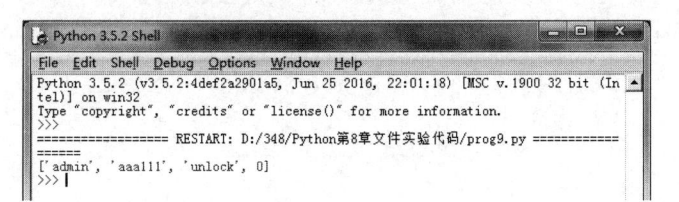

图 8.12　运行结果

四、实验报告要求

1. 写出以上 4 个程序的实验原理与运行结果。

2. 写出在程序调试过程中遇到的问题和解决方法。

实验三　启发性实验 2

一、实验目的

1. 掌握文件程序设计与调试的方法。

2. 掌握文件程序填空的方法。

3. 提高文件程序编写能力。

二、实验设备和仪器

1. 计算机。

2. Windows 10 操作系统。

3. IDLE 集成开发环境。

三、实验内容与步骤

（一）填空题 1

1. 实验内容。

输入一个字符串，将其写入文件中，然后从文件中读取该字符串，按相反的顺序输出。

2. 程序代码 prog10.py。

```
f=open("d:\\python\\data10.txt",_____1_____)
c=input("请输入字符串")
f.write(c)
_____2_____
a=f.read()
print(a[::-1])
f._____3_____
```

请在横线处填入正确的内容，使程序得出正确的结果。注意：不得增行或删行，也不得更改程序的结构！

程序运行结果如图 8.13 所示。

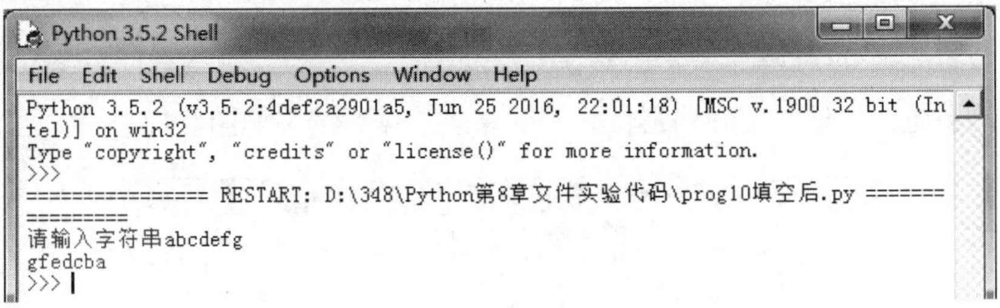

图 8.13　程序运行结果

（二）填空题 2

1. 实验内容。

假设文件 data11.txt 中有若干行，每行有一个整数，请编写程序读取所有整数，将其降序排列后再写入文本文件 data_asc.txt 中。

2. 程序代码 prog11.py。

```
with open('d:\\python\\data11.txt', 'r') as fp:            #读取所有行，存入列表中
    data= _____1_____
data=[int(item) for item in data]                          #使用列表推导式转换为数字
data.sort(reverse=True)                                     #降序排列
data = [str(item)+'\n' for item in data]                   #将结果转换为字符串
```

```
#data.sort(key=int,reverse=True)                    #这样写更简洁
with open('d:\\python\\data_desc.txt',__2__) as fp:  #将结果写入文件中
    fp.writelines(data)
```

请在横线处填入正确的内容，使程序得出正确的结果。注意：不得增行或删行，也不得更改程序的结构！

已知 data11.txt 文件的内容为：

```
12
3
2
32
```

运行程序后，data_asc.txt 文件的内容为：

```
32
12
3
2
```

（三）编程题 1

1. 实验内容。

文件 data12.txt 保存了以下表达式。

```
120+23
6*90
24-50
72/60
50-29
43+30
```

请编写程序，从文件中读取这些表达式，输出计算结果。

2. 程序代码 prog12.py。

```
f=open("d:\\python\\data12.txt")
for b in f:
#将下面的代码补充完整
...
...
#请在...处用一行或多行代码替换
#注意：提示框架的代码可以任意修改，以完成程序功能为准
```

程序代码补充完整后，使程序得出正确的结果，运行结果如图 8.14 所示。

```
== RESTART: D:\课程资料\Python实验
120+23 = 143
6*90 = 540
24-50 = -26
72/60 = 1.2
50-29 = 21
43+30 = 73
```

图 8.14　运行结果

（四）编程题 2

1. 实验内容。

D 盘的 python 文件夹下的 data13.txt 文件保存了 5 个学生的课程成绩。

```
学号，姓名，语文，数学，英语
2301，张三，100，70，88
2302，李四，90，90，88
2303，王二，80，80，88
2304，孙一，70，60，68
2305，钱五，60，50，58
```

计算每个学生的平均成绩，将学号、姓名、平均分以列表的形式写入文件 data14.txt 中，读取 data14.txt 中的列表，按平均分降序输出，并输出学生名次。

2. 程序代码 prog13.py。

```
f = open('d:\\python\\data13.txt', encoding='utf-8')
#将下面的代码补充完整
...
...
#请在...处用一行或多行代码替换
#注意：提示框架的代码可以任意修改，以完成程序功能为准
```

程序代码补充完整后，使程序得出正确的结果，运行结果如图 8.15 所示。

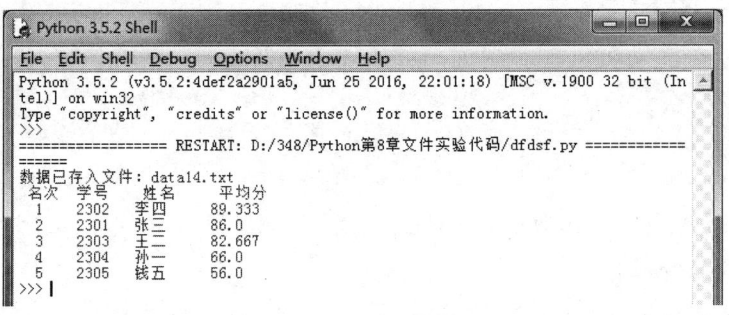

图 8.15　运行结果

四、实验报告要求

1. 写出填空题的答案。

2. 写出编程题的程序片段。

3. 写出在程序调试过程中遇到的问题和解决方法。

实验四　设计性实验

一、实验目的

1. 进一步掌握 Python 程序的设计与运行过程。

2. 熟练掌握有关文件的程序设计方法。

3. 熟练掌握文件的基本操作。

二、实验设备和仪器

1. 计算机。

2. Windows 10 操作系统。

3. IDLE 集成开发环境。

三、实验内容

1. 程序设计 1。

编程实现以下功能：有两个文件 f1.txt 和 f2.txt，各存放了一行升序排列的英文字母，要求将两个文件的内容合并（依然升序排列），输出到新文件 f.txt 中。

2. 程序设计 2。

每位学生根据 9 项指标按优、良、中、差（取值分别为 1.0、0.8、0.6、0.4）给授课教师评定等级。现采集了学生给教师的打分表，请编写程序统计教师的最后得分。

通过键盘输入以下数据（打分表），并将这些数据写入文件 input.dat 中。

```
zhangsan,3
1.0 1.0 1.0 0.8 1.0 1.0 1.0 0.6 1.0
1.0 1.0 1.0 1.0 1.0 1.0 0.8 0.6 1.0
1.0 0.8 1.0 1.0 1.0 0.8 1.0 0.8 1.0
lisi,3
1.0 1.0 0.8 1.0 0.8 1.0 0.8 1.0 0.6
0.8 1.0 0.8 0.8 0.6 0.8 1.0 1.0 0.4
1.0 0.6 1.0 1.0 0.8 1.0 0.8 0.6 0.8
wangwu,3
0.6 1.0 1.0 0.8 0.4 0.6 0.6 0.4 1.0
0.8 0.8 0.6 1.0 0.8 0.6 0.4 0.8 1.0
1.0 0.8 0.8 0.6 1.0 1.0 0.6 0.6 0.4
```

第一位教师的打分表如下。

```
zhangsan,3
1.0 1.0 1.0 0.8 1.0 1.0 1.0 0.6 1.0
1.0 1.0 1.0 1.0 1.0 1.0 0.8 0.6 1.0
1.0 0.8 1.0 1.0 1.0 0.8 1.0 0.8 1.0
```

第 1 行中的第 1 个数据是教师的姓名，第 2 个数据是参与打分的学生人数，两个数据之间用逗号隔开。

第 2～4 行是每个学生给该教师的打分，分数之间用空格隔开。

在屏幕上显示教师的最后得分，并输出到文件 output.dat 中，例如：

```
Zhangsan ,92.000000
Lisi ,83.000000
Wangwu,74.00000
```

四、实验报告要求

1. 写出完整的程序。

2. 写出在程序调试过程中遇到的问题和解决方法。

8.3 课后习题

一、选择题

1. （　　）是存储在外部介质上的一组相关信息的集合。

A. 输入　　　　　　　　B. 输出　　　　　　　　C. 文件　　　　　　　　D. 以上都是错误的

2. 假设建立了一个 customer 文件对象，并且文件是使用"w"方式打开的，那么如何将字符串"Mary Smith"写入该文件？（　　　）

A. customer file.write('Mary Smith')

B. customer.write('w', 'Mary Smith')

C. customer.input('Mary Smith')

D. customer.write('Mary Smith')

3. 以下选项中，（　　）不是文件操作的相关函数。

A. open()　　　　　　　B. read()　　　　　　　C. load()　　　　　　　D. write()

4. （　　　）与特定文件关联，并提供了处理该文件的方法。

A. 文件名　　　　　　　　　　　　　　　B. 文件扩展名

C. 文件对象　　　　　　　　　　　　　　D. 文件变量

5. （　　　）描述了将一段数据写入文件时发生的情况。

A. 数据从内存中的变量复制到文件中

B. 数据从程序中的变量复制到文件中

C. 数据从程序复制到文件中

D. 数据从文件对象复制到文件中

6. 当使用"r"方式打开文件时，（　　　）方法将以字符串形式返回文件内容。

A. write()　　　　　　　B. input()　　　　　　　C. get()　　　　　　　D. read()

7. 关于文件类型的描述错误的是（　　　）。

A. 英文文本文件在磁盘中存放时每个字符对应一个字节，用于存放对应的 ASCII 编码

B. 二进制文件按数据在内存中的存储形式存储

C. 文本文件可以进行顺序读/写和随机读/写

D. 二进制文件既可以进行顺序读/写也可以进行随机读/写

8. Python 对文本文件的读取不能用（　　　）方法实现。

A. read()　　　　　　　　　　　　　　　B. readline()

C. readlines()　　　　　　　　　　　　　D. readone()

9. 一般来说，Python 把文件分为（　　　）种类型。

A. 1　　　　　　　　　　B. 2　　　　　　　　　　C. 3　　　　　　　　　　D. 以上都是错误的

10. （　　　）方法在试图读取超出文件末尾以外的内容时将返回空字符串。

A. read()　　　　　　　B. getline()　　　　　　C. input()　　　　　　D. readline()

11. 若 fp1 = open("test.txt","r")，（　　　）方式返回的不是字符串。

A. line= fp1.read()　　　　　　　　　　　B. line=fp1.readline()

C. line=fp1.readlines()　　　　　　　　　D. 以上都是错误的

12. 写入文件时，定位到某个位置所用的方法是（　　　）。

A. write()　　　　　　　　　　　　B. writeall()

C. seek()　　　　　　　　　　　　D. Writetext()

13. 读取一行文件内容的方法是（　　　）。

A. readtxt()　　　　　　　　　　　B. readline()

C. readall()　　　　　　　　　　　D. read()

14. 以下关于文件的描述中，错误的是（　　　）。

A. 文件是存储在辅助存储器上的一组数据序列，可以包含任何数据内容

B. 可以使用 open()方法打开文件，用 close()方法关闭文件

C. 使用 read()方法可以从文件中读取全部文本

D. 使用 readlines()方法可以从文件中读取一行文本

15. writelines(lines)能将一个元素是字符串的列表 lines 写入文件中，以下选项中正确的是（　　　）。

A. 列表 lines 的各元素之间默认用换行符分隔

B. 列表 lines 的各元素之间无分隔符

C. 列表 lines 的各元素之间默认用逗号分隔

D. 列表 lines 的各元素之间默认用空格分隔

16. 文件 data.txt 的内容为 "QQ&Wechat Google&Baidu"，以下程序的运行结果是（　　　）。

```
f = open('data.txt','r')
print(f.read(7))
f.close()
```

A. Wechat　　　　　　　　　　　B. &Wechat

C. Q&Wecha　　　　　　　　　　D. QQ&Wech

17. 下列方法中，用于向文件中写入内容的是（　　　）。

A. open()　　　　　　　　　　　　B. write()

C. close()　　　　　　　　　　　　D. read()

18. 文件对象的读取方法 read(size)的含义是（　　　）。

A. 从文件的 size 位置开始，到文件末尾结束，读取文件内容

B. 从文件中读取一行数据

C. 读取 size 行数据

D. 从当前位置开始，读取 size 大小的数据；如果 size 为负数或者空，则读取到文件末尾

19. 以下关于文件的描述中不正确的是（　　　）。

A. 二进制文件和文本文件的操作步骤都是 "打开→读/写操作→关闭"

B. open()方法打开文件后，文件的内容并没有存储在内存中

C. open()方法只能打开一个已存在的文件

D. 读/写文件之后，要调用 close()方法才能确保文件操作的安全性，释放系统资源

20. 若文本文件 abc.txt 的内容为：

```
abcdef
```

阅读下面的程序。

```
file = open("abc.txt", "r")
s = file.readline()
s1 = list(s)
print(s1)
```

上述程序的运行结果为（　　　）。

A. ['abcdef']

B. ['abcdef\n']

C. ['a', 'b', 'c', 'd', 'e', 'f']

D. ['a', 'b', 'c', 'd', 'e', 'f', '\n']

21. 以下不属于文件操作方法的是（　　　）。

A. read()

B. write()

C. join()

D. readline()

22. 以下关于文件的描述中，正确的是（　　　）。

A. 使用 open()方法打开文件时，必须要用 "r" 或 "w" 指定打开方式，不能省略

B. 采用 readlines()方法可以读取文件的全部内容，返回一个列表

C. 打开文件后，可以用 write()方法控制读/写位置

D. 如果没有用 close()方法关闭文件，程序退出时文件不会自动关闭

23.在读/写文件之前，打开文件使用的方法是（　　　）。

A. read()

B. fopen()

C. open()

D. CFile()

24.以下关于 Python 文件打开方式的描述中，错误的是（　　　）。

A. 只读方式 "r"

B. 覆盖写方式 "w"

C. 追加写方式 "a"

D. 创建写方式 "n"

25. 关于语句 f=open('demo.txt','r')，下列说法中不正确的是（　　　）。

A. demo.txt 文件必须已经存在

B. 只能从 demo.txt 文件中读取数据，而不能向该文件中写入数据

C. 只能向 demo.txt 文件中写入数据，而不能从该文件中读取数据

D. "r" 是默认的文件打开方式

26. 下列程序的运行结果是（　　　）。

```
f=open('\out.txt','w+')
f.write('Python')
f.seek(0)
c=f.read(2)
print(c)
f.close()
```

A. Pyth

B. Python

C. Py

D. th

27. 下列程序的运行结果是（　　　）。

```
f=open('f.txt','w')
f.writelines(['Python programming.'])
f.close()
```

```
f=open('f.txt','rb')
f.seek(10,1)
print(f.tell())
```

A. 1 B. 10

C. gramming D. Python

28. 使用 open()方法打开一个 D 盘中的文件，路径名错误的是（　　　）。

A. D:\PythonTest\a.txt B. D:\\PythonTest\\a.txt

C. D:/PythonTest/a.txt D. D://PythonTest//a.txt

29. 关于以下代码中的变量 c，描述正确的是（　　　）。

```
fname="D://python//data.txt"
file=open(fname)
for c in file:
    print(c)
file.close()
```

A. 变量 c 表示文件中的一行字符

B. 变量 c 表示文件中的一个单词

C. 变量 c 表示文件中的所有字符

D. 变量 c 表示文件中的一个字符

30. （　　　）方法不可以移动文件指针。

A. tell() B. read() C. write() D. seek()

二、填空题

1. _____是存储在外部介质上的一组相关信息的集合。

2. 根据文件数据的组织形式，文件可分为 _____文件和 _____文件。一个 Python 程序文件是一个_____文件，一个 JPG 文件是一个_____文件。

3.Python 提供了 _____、_____和_____方法来读取文本文件的内容。

4. 二进制文件的读取与写入可以分别使用_____和_____方法。

5. seek(0)将文件指针定位于_____，seek(0,1)将文件指针定位于_____，seek(0,2)将文件指针定位于_____。

6. Python 的_____模块提供了许多文件管理方法。

7. 使用 readlines()方法可以将文件中的内容进行一次性读取，返回值的类型是_____。

8. 在读/写文件的过程中，_____方法可以获取当前的读/写位置。

9. 有代码为：f=open("d:\\a1.txt","_____")。打开文件 a1.txt 后，需要向文件中写入数据，而不读取数据（不保留原有文件的数据），则横线处应填_____。

10. 关于文本文件，Python 提供了两种写入数据的方法：_____方法和 writelines()方法。

三、程序阅读题

1. 假设 data01.txt 文件的内容如下。

```
哈密瓜，香瓜，无籽西瓜，水晶葡萄
奶油富士，火龙果，百香果
```

以下代码的输出结果是_____。

```
f=open("city.csv","r")
ls=f.read().split(",")
f.close()
print(ls)
```

2. 运行以下代码后，book.txt 文件的内容是_____。

```
fo=open("book.txt","w")
ls=['C 语言', 'Java', 'C#', 'Python']
fo.writelines(ls)
fo.close()
```

3. 运行以下代码后，book1.txt 文件的内容是_____。

```
fo=open("book1.txt","w")
ls=['book', '23', '201009', '20']
fo.write(str(ls))
fo.close()
```

4. 假设已经建立了文本文件 data.txt，文件的内容为 "Welcome to Nanchang"，以下代码的运行结果为_____。

```
infile=open("data.txt","r")          #打开文件
ls=infile.readlines()                #读取各行，得到一个列表
n=0
for s in ls:                         #遍历列表
    print(s[:-1])                    #显示文件内容
    for c in s:                      #遍历列表的字符串
        if c in 'aeiouAEIOU':n+=1
print(n)
infile.close()
```

5. 以下代码的运行结果为_____。

```
s = 'Hello world\n 文本文件的读取方法\n 文本文件的写入方法\n'
with open('sample.txt', 'w') as fp:
    fp.write(s)
with open('sample.txt') as fp:
    print(fp.read())
```

6. 有一个文本文件 a1.txt，其内容为 "python is very useful"，以下代码的运行结果为_____。

```
f=open("d:\\a1.txt","r")
s=f.read(6)
print(s)
```

7. 以下代码的运行结果为_____。

```
f1=open('d:\\a1.txt','w')
f1.write("1")
```

```
f1.write('2')
f1.close()
f1=open('d:\\a1.txt','r')
s=f1.readline()
print(s)
```

8. 以下代码的运行结果为_____。

```
f1=open('d:\\a1.txt','w')
list=['1','2','3','4']
f1.writelines(list)
f1.close()
f1=open('d:\\a1.txt','r')
s=f1.read ()
print(s)
```

9. 以下代码的运行结果为_____。

```
f1=open('d:\\a1.txt','w')
list=['a','b\n','c','d']
f1.writelines(list)
f1.close()
f1=open('d:\\a1.txt','r')
s=f1.readline()
print(s)
```

10. 文件 family.txt 的内容是 "We are family"，以下代码的运行结果为_____。

```
m_file = open("family.txt", "r")
txt = m_file.read()
print(txt)
m_file.close()
```

四、编程题

1. 编写程序，将输入的内容逐行写入文件中，输入 "Exit" 时退出程序。

2. 编写程序，打开 C:\test.txt 文件，如果文件不存在则创建。打开成功后，在该文件中写入 "中华人民共和国！"，然后关闭该文件。

3. 首先在 C 盘下创建文本文件 12.txt，写入 "Python 语言程序设计！"。然后编写程序，读取文件的内容，在屏幕上显示出来。

4. 读取一个英文文本文件，统计文件中某单词出现的次数。

5. score.csv 文本文件记录了学生的姓名、成绩，输出按成绩降序排列的学生信息。

第9章　图形绘制

9.1　知识要点回顾

9.1.1　tkinter 库

tkinter 是一个简单、易用且可移植性良好的 GUI 库。tkinter 创建 GUI 程序的主要步骤如下。

（1）导入 tkinter 库。导入方法有以下3种。

```
import tkinter              #导入 tkinter 库
import tkinter as tk        #导入 tkinter 库并命名为 tk
from tkinter import *       #导入 tkinter 库的所有内容
```

（2）建立主窗口。

（3）在主窗口中添加组件，例如文本框、按钮等。使用对应组件的构造函数创建实例并设置其属性。

（4）调用组件的 pack()、grid()、place()方法，通过几何布局管理器调整并显示其位置和大小。

（5）绑定事件处理程序，响应用户操作（例如单击按钮）引发的事件。

（6）进入事件循环，等待用户触发事件响应。

1. tkinter 的主窗口

tkinter 的主窗口也称为根窗口，是图形化应用程序的根容器。

创建主窗口的代码为：

```
root = tkinter.Tk()
```

2. 装饰界面

窗口常用属性如表 9.1 所示。

表 9.1　窗口常用属性

属性	说明	举例
title(str)	窗口标题，str 表示参数类型为字符串	title("数据分析")
iconbitmap(str)	窗口左上角的程序图标	iconbitmap(".\\pic\\SUN.ICO")
geometry("宽 x 高+左右边距+上下边距")	窗口的几何尺寸及在屏幕中的位置，其中 x 不能省略	geometry("800x500+100+50")
resizable(b,b)	窗口尺寸的可变性，b 表示逻辑型	resizable(0,0) 表示高、宽都不可变

3. 画布对象的创建

画布是用来绘制图形的区域。创建一个画布对象的语句格式为：

画布对象名=Canvas(窗口对象名,属性名=属性值,...)

例如，创建并显示画布对象 c 的代码如下。

```
>>> c=Canvas(w,width=300,height=200,bg='white')
>>> c.pack()
```

4. 画布中的图形对象

图形对象可以采用标识号和标签进行标识和引用，有以下三种方法来为图形对象指定标签。

（1）创建图形时，利用 tags 属性指定标签。可以将 tags 属性设置为单个字符串，即单个名称；也可以设置为一个字符串元组，即多个名称。

（2）创建图形之后，可以利用画布的 itemconfig() 方法对 tags 属性进行设置。

（3）利用画布的 addtag_withtag() 方法为图形对象添加新标签。

图形对象的共性操作如下。

（1）gettags() 方法：获取给定图形对象的所有标签。

（2）find_withtag() 方法：获取与给定标签关联的所有图形对象。

（3）delete() 方法：从画布上删除指定的图形对象。

（4）move() 方法：在画布上移动指定图形对象。

绘制矩形的方法为 create_rectangle()，格式如下。

画布对象名.create_rectangle(x0,y0,x1,y1,属性设置...)

矩形的常用属性如表 9.2 所示。

表 9.2　矩形的常用属性

边框属性	内部填充属性
outline 属性：设置矩形的边框颜色，默认为黑色	fill 属性：设置矩形内部区域的填充颜色
width 属性：设置边框的宽度	stipple 属性：设置填充画刷
dash 属性：设置边框为虚线	state 属性：设置图形的显示状态

绘制椭圆的方法为 create_oval()，格式如下。

画布对象名.create_oval(x0,y0,x1,y1,属性设置...)

椭圆的常用属性包括 outline、width、dash、fill、state、tags 等。

绘制圆弧的方法为 create_arc()，格式如下。

canvas.create_arc(x0, y0, x1, y1,属性设置...)

显示文本的方法为 create_text()，格式如下。

画布对象名.create_text(x, y,属性设置...)

5. 图形的事件处理

（1）事件绑定。

对象需要与特定事件进行绑定，以便告诉系统发生指定的事件后该如何处理。例如用 bind()方法、tag_bind()方法将对象与对应的事件（单击鼠标左键、单击鼠标右键等）进行绑定。例如：

```
c.bind("<Button-1>",canvasF)
c.tag_bind(t,"<Button-3>",textF2)
```

（2）事件处理函数。

以上两行代码中的 canvasF、textF2 就是两个事件处理函数。当相应的动作发生时，就会运行对应的事件处理函数。

（3）主窗口事件循环。

mainloop()方法的作用是进入主窗口的事件循环。运行了这条语句后，系统会自动监控主窗口中发生的各种事件，并触发相应的事件处理函数。

6. tkinter 库的 GUI 编程

使用 tkinter 库创建一个 GUI 程序需要以下几个步骤。

（1）导入 tkinter 库。

（2）创建 GUI 程序的主窗口（顶层窗口）。

（3）添加完成程序功能所需的组件。

（4）编写回调函数。

（5）进入主事件循环，对用户触发的事件做出响应。

7. tkinter 库的主要组件

- Label：标签，用于显示说明文字。
- Message：消息，类似于 Label，但可用于显示多行文本。
- Button：按钮，用于运行命令。
- Radiobutton：单选按钮，用于从多个选项中选择一个选项。
- Checkbutton：复选框，用于标识是否选择某个选项。
- Entry：单行文本框，用于输入、编辑一行文本。
- Text：多行文本框，用于显示和编辑多行文本，支持嵌入图像。
- Frame：框架，是容器组件，用于组件组合与界面布局。
- Listbox：列表框，用于显示若干选项。
- Scrollbar：滚动条，用于滚动显示更多内容。
- OptionMenu：可选项，单击可选项按钮时打开选项列表，显示被选中的按钮。
- Scale：刻度条，允许用户通过移动滑块来选择数值。
- Menu：菜单，用于创建下拉式菜单或弹出式菜单。
- Toplevel：顶层窗口，是一个容器组件，用于多窗口应用程序。
- Canvas：画布，用于绘图。

8. 对象的布局方式

布局是指组件在父组件中的位置安排。tkinter 库提供了三种布局管理器，即 pack、grid 和 place，其任务是根据设计要求安排组件的位置。

（1）pack 布局管理器。

pack 布局管理器将所有组件组织为一行或一列，组件的添加顺序决定了它们在父组件中的位置，可以使用 side、fill、expand、ipadx/ipady、padx/pady 等属性对组件进行布局控制。例如：

```
Lbl2.pack(fill=BOTH,expand=1,side=LEFT,padx=10)
```

（2）grid 布局管理器。

grid 布局管理器将窗口或框架视为一个由行和列构成的二维表格，并将组件放入行列交叉处的单元格中。row 和 column 属性可以指定组件所要放置的行和列编号；sticky 属性用来指定对齐方式，rowspan 和 columnspan 属性用来指定行和列方向上的跨度。例如：

```
label.grid(row=2,column=1,sticky=W+E+N+S,padx=5,pady=5)
```

（3）place 布局管理器。

place 布局管理器可以直接指定组件在父组件中的位置坐标，例如：

```
Label(w,text="World").place(x=199,y=199,anchor=SE)
```

9．对话框

对话框是一个独立的顶层窗口，包括自定义对话框和标准对话框。

（1）自定义对话框。

设计自定义对话框的主要步骤是先创建顶层窗口对象，然后添加所需的按钮和其他组件。

（2）标准对话框。

tkinter 库还提供了以下子模块，用于创建通用的标准对话框。

• messagebox 子模块提供了一系列用于显示信息或进行简单对话的对话框，可通过调用 askyesno()、askquestion()、askyesnocancel()、askokcancel()、askretrycancel()、showerror()、showinfo()、showwarning() 等函数来创建。

• filedialog 子模块提供了用于浏览、打开和保存文件的对话框，可通过调用 askopenfilename()、asksaveasfilename() 等函数来创建。

• colorchooser 子模块提供了用于选择颜色的对话框，可通过调用 askcolor() 函数来创建。

10．事件处理

（1）事件的描述。

① 常用鼠标事件。

• <ButtonPress-1>：按下鼠标左键，可简写为 <Button-1> 或 <1>。类似的事件有 <Button-2>（按下鼠标中键）和 <Button-3>（按下鼠标右键）。

• <B1-Motion>：按下鼠标左键并移动鼠标。类似的事件有 <B2-Motion> 和 <B3-Motion>。

• <Double-Button-1>：双击鼠标左键。

• <Enter>：鼠标指针进入组件区域。

• <Leave>：鼠标指针离开组件区域。

② 常用键盘事件。

- <KeyPress-A>：按下"A"键。
- <Return>：按下回车键。
- <Key>：按下任意键。
- <Shift-Up>：同时按下"Shift"键和"↑"键。

（2）事件处理函数。

事件处理函数是在触发了某个对象的事件时运行的程序段，由系统调用，所以一般称为回调函数，一般形式如下。

```
def 函数名(event):
    函数体
```

（3）事件绑定。

① 对象绑定的形式如下。

```
组件对象.bind(事件描述符,事件处理程序)
```

② 窗口绑定的形式如下。

```
窗口对象.bind(事件描述符,事件处理程序)
```

③ 类绑定的形式如下。

```
组件对象.bind_class(组件类描述符,事件描述符,事件处理程序)
```

④ 应用程序绑定的形式如下。

```
组件对象.bind_all(事件描述符,事件处理程序)
```

（4）键盘事件与焦点。

焦点是当前正在操作的对象。图形用户界面中只有一个焦点，可以通过调用对象的 focus_set()方法来设置，也可以使用"Tab"键来移动焦点。因此，在处理键盘事件时，需要运行一个额外的步骤，即设置焦点。

9.1.2 turtle 绘图

Python 的 turtle 库是一个直观、有趣的图形绘制函数库。使用 turtle 库之前，需要对其进行导入，导入的方法有以下三种。

```
#第一种方法
import turtle
```

此时调用 turtle 库的函数的一般格式为：

```
turtle.<函数名>()
```

第二种方法为：

```
import turtle as t
```

t 为 turtle 的别名，也可替换成其他别名。此时调用 turtle 库的函数的格式为：

```
t.<函数名>()
```

第三种方法为：

```
from turtle import *
```

此时调用 turtle 库的函数的格式为：

```
<函数名>()
```

1. turtle 库的函数

（1）窗口函数，格式如下。

```
turtle.setup(width,height,startx,starty)
```

width 为窗口宽度，height 为窗口高度，startx 为窗口左侧相对于屏幕左侧边界的距离，starty 为窗口顶部相对于屏幕上方边界的距离。

（2）画笔（也称为"海龟"）运动函数。

- turtle.forward(distance)/turtle.fd(distance)：将画笔向前移动一定距离。
- turtle.backward(distance)/turtle.bk(distance)：将画笔向后移动一定距离。
- turtle.left(angle)/turtle.lt(angle)：以指定角度逆时针旋转画笔。
- turtle.right(angle)/turtle.rt(angle)：以指定角度顺时针旋转画笔。
- turtle.goto(x,y)/turtle.setposition(x,y)：把画笔移动到(x,y)坐标处。
- turtle.setx(x)：修改画笔的横坐标为 x，纵坐标不变。
- turtle.sety(y)：修改画笔的纵坐标为 y，横坐标不变。
- turtle.setheading(angle)/ turtle.seth(angle)：将画笔方向的角度设置为 angle。
- turtle.home()：将画笔移动到原点，并将其方向设置为起始方向。
- turtle.circle(radius,extent,steps)：根据半径 radius 和角度 extent 绘制弧形，也可绘制正多边形。
- turtle.dot(size,color)：绘制一个直径为 size、填充颜色为 color 的圆点。
- turtle.undo()：撤销上一次动作。
- turtle.speed([speed])：将画笔的速度设置为 0～10 的整数。如果没有参数，则返回当前速度。

（3）画笔状态函数。

- turtle.pendown()/turtle.pd()/turtle.down()：放下画笔，此时移动画笔将正常绘图。
- turtle.penup()/turtle.pu()/turtle.up()：提起画笔，此时移动画笔无法绘图。
- turtle.pensize([width])/ turtle.width()：设置画笔的宽度。
- turtle.pencolor([param])：返回或设置画笔绘制的颜色，无参数时返回当前画笔绘制的颜色。
- turtle.color([param])：设置画笔颜色。
- turtle.filling()：返回当前图形是否被填充，被填充则返回 True，否则 False。
- turtle.begin_fill()：准备填充图形。
- turtle.end_fill()：填充完成，在结束填充后调用。
- turtle.reset()：清空窗口，将画笔重新居中，位置与状态设置为默认值。
- turtle.clear()：清空窗口，但不移动画笔。

- turtle.hideturtle()/turtle.ht()：隐藏画笔的形状。
- turtle.showturtle()/turtle.st()：显示画笔的形状。
- turtle.isvisible()：返回当前画笔是否处于可见状态。
- turtle.write(str,font=(字体名称,字号,字体类型))：根据 font 参数设置的字体形式，在画布上显示字符串 str。

9.2　实训内容

实验一　验证性实验

一、实验目的

1. 掌握 turtle 库的相关函数使用方法。
2. 掌握 tkinter 库的相关函数使用方法。
3. 了解 Python 图形绘制库的使用方法。

二、实验设备和仪器

1. 计算机。
2. Windows 10 操作系统。
3. IDLE 集成开发环境。

三、实验内容与步骤

（一）调试程序 1

1. 实验内容。

使用 turtle 库的 turtle.right()函数和 turtle.fd()函数绘制一个五角星，边长为 200 像素，5 个内角均为 36°，如图 9.1 所示。

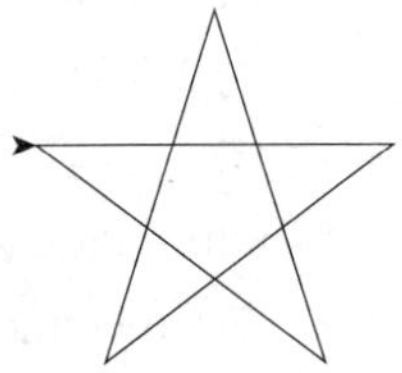

图 9.1　五角星

2. 程序代码。

```
from turtle import *
for i in range(5):
    fd(200)
    right(144)
```

3. 实验步骤。

步骤一：在 D 盘的根目录下创建一个以学号命名的文件夹，例如 D:\201310001。

步骤二：打开 IDLE。依次单击"File"→"New File"，新建一个 Python 文件并保存为 prog1.py，并输入程序代码。

步骤三：依次单击"Run"→"Run Module"，或者按 F5 键，查看输出结果。

（二）调试程序 2

1. 实验内容。

使用 tkinter 库实现一个简单的图形界面，界面中有一个标签，显示"欢迎开启 Python 编程之旅！"；还有一个命令按钮，初始界面显示"单击我"，如图 9.2 所示。单击按钮后，

界面发生变化，如图 9.3 所示。

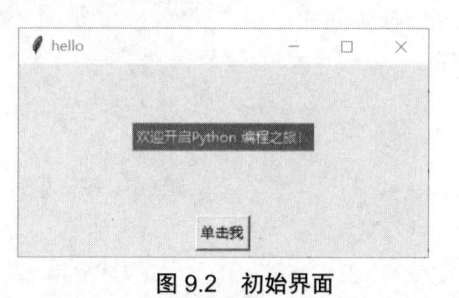

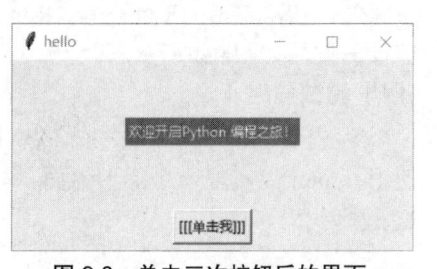

图 9.2 初始界面　　　　　　　　图 9.3 单击三次按钮后的界面

2. 程序代码 prog2.py。

```
import tkinter as tk
app=tk.Tk()
app.title("hello")
label=tk.Label(app,{'bg':'red','fg':'yellow'},text="欢迎开启 Python 编程之旅！")
label.pack(padx=100,pady=50)
def change_button_text():
    btn.configure(text="[%s]"% btn['text'])
btn=tk.Button(app,text="单击我",command=change_button_text)
btn.pack(padx=50,pady=5)
app.mainloop()
```

3. 实验步骤。

步骤一：打开 IDLE 主窗口，新建文件，并将其保存为 prog2.py，然后输入程序代码。

步骤二：运行程序。依次选择"Run"→"Run Module"，或者直接按 F5 键，这时会开始运行程序。

步骤三：若程序没有错误，则会显示一个新窗口，如图 9.2 所示；单击三次按钮后，界面如 9.3 所示。

（三）调试程序 3

1. 实验内容。

使用 turtle 库的 turtle.fd()函数和 turtle.right()函数绘制一个边长为 100 像素的正六边形，再用 turtle.circle()函数绘制一个边长为 60 像素的正六边形，如图 9.4 所示。

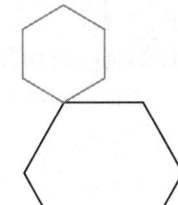

图 9.4 运行结果

2. 程序代码。

```
from turtle import *
pensize(5)
for i in range(6):
    fd(100)
    right(60)
color('red')
circle(60,steps=6)
```

3. 实验步骤。

步骤一：打开 IDLE。依次单击"File"→"New File"，新建一个 Python 文件并保存为

prog3.py，并输入程序代码。

步骤二：依次单击"Run"→"Run Module"，或者按 F5 键，查看运行结果，如图 9.4 所示。

（四）调试程序 4

1. 实验内容。

使用 tkinter 库实现一个图形界面，如图 9.5 所示。

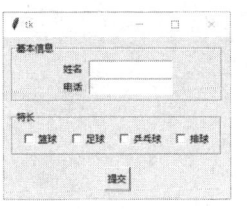

图 9.5　图形界面

2. 程序代码。

```
from tkinter import *
app=Tk()
frame_inf=LabelFrame(app,padx=60,pady=5,text='基本信息')
frame_inf.pack(padx=10,pady=5)
frame_name=Frame(frame_inf)
frame_name.pack()
Label(frame_name,text='姓名').pack(side=LEFT,padx=3)
Entry(frame_name,width=15).pack(side=LEFT,padx=3)
frame_ph=Frame(frame_inf)
frame_ph.pack()
Label(frame_ph,text='电话').pack(side=LEFT,padx=3)
Entry(frame_ph,width=15).pack(side=LEFT,padx=3)
frame_spec=LabelFrame(app,padx=5,pady=5,text='特长')
frame_spec.pack(padx=10,pady=5)
#特长选择
Checkbutton(frame_spec,text='篮球').pack(side=LEFT,padx=5)
Checkbutton(frame_spec,text='足球').pack(side=LEFT,padx=5)
Checkbutton(frame_spec,text='乒乓球').pack(side=LEFT,padx=5)
Checkbutton(frame_spec,text='排球').pack(side=LEFT,padx=5)
#提交按钮
Button(app,text='提交').pack(padx=10,pady=10)
app.mainloop()
```

3. 实验步骤。

步骤一：打开 IDLE。依次单击"File"→"New File"，新建一个 Python 文件并保存为 prog4.py，并输入程序代码。

步骤二：依次单击"Run"→"Run Module"，或者按 F5 键，查看运行结果。

（五）调试程序 5

1. 实验内容。

使用 turtle 库的 turtle.pencolor()函数和 turtle. fillcolor()函数为图形着色（画笔颜色为黑色，填充颜色为红色），使用 turtle.setup()函数在 (400,400)的位置创建 600×600 像素的画布，如图 9.6 所示。

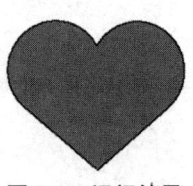

图 9.6　运行结果

2. 程序代码。

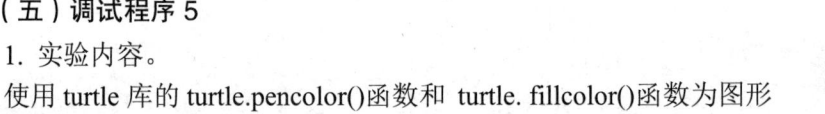

```
from turtle import *
def curvemove():
    for i in range(200):
        right(1)
```

```
        forward(1)
setup(600,600,400,400)
hideturtle()
pencolor("black")
fillcolor("red")
pensize(2)
begin_fill()
left(140)
forward(111.65)
curvemove()
left(120)
curvemove()
forward(111.65)
end_fill()
penup()
goto(-27,85)
pendown()
done()
```

3. 实验步骤。

步骤一：打开 IDLE。依次单击"File"→"New File"，新建一个 Python 文件并保存为 prog5.py，并输入程序代码。

步骤二：依次单击"Run"→"Run Module"，或者按 F5 键，查看运行结果。

实验二　启发性实验 1

一、实验目的

1. 掌握 turtle 库的相关函数使用方法。
2. 掌握 tkinter 库的相关函数使用方法。
3. 了解 Python 图形绘制库的使用方法。

二、实验设备和仪器

1. 计算机。
2. Windows 10 操作系统。
3. IDLE 集成开发环境。

三、实验内容与步骤

1. 填空题 1。请补充代码，实现以下功能。

使用 turtle 库的 turtle.fd() 函数和 turtle.right() 函数绘制一个边长为 200 像素，黄底黑边的五角星，如图 9.7 所示。

程序代码如下。

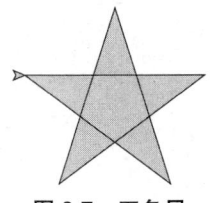

图 9.7　五角星

```
#请在_____处用一行代码或表达式替换
#注意不要修改其他代码
import turtle
```

```
turtle.color(___1___,___2___)
turtle.____3_____
for i in range(___4___):
    turtle.fd(____5___)
    turtle.right(144)
turtle.end_fill()
```

2. 填空题 2。请补充代码，实现以下功能。

使用 turtle 库绘制三个彩色的圆，圆的颜色从颜色列表 color 中按顺序获取，圆的圆心位于原点，半径从里至外分别是 10 像素、30 像素、60 像素，如图 9.8 所示。

程序代码如下。

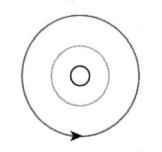

图 9.8 运行结果

```
#请在_____处用一行代码或表达式替换
#注意不要修改其他代码
import turtle as t
color=['red','green','blue']
rs=[10,30,60]
for i in range(_____ ):
    t.penup()
    t.goto(0,_____)
    t._____
    t.pencolor(_____)
    t.circle(_____)
t.done()
```

3. 编程题 1。

使用 turtle 库的 turtle.color()函数和 turtle.circle()函数绘制一个黄底黑边的圆，半径为 50 像素，如图 9.9 所示。

程序代码如下。

```
#请在...处使用一行或多行代码替换
import turtle
turtlel.color("black","yellow")
...
...
```

4. 编程题 2。请补充代码，实现以下功能。

使用 turtle 库的函数绘制一个边长为 100 像素的正八边形，如图 9.10 所示。

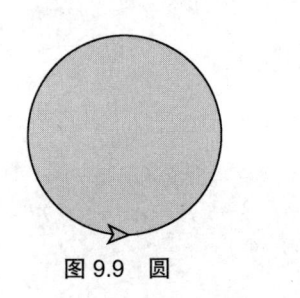

图 9.9 圆

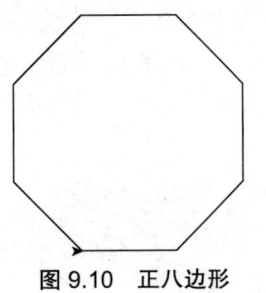

图 9.10 正八边形

程序代码如下。

```
#请在...处使用一行或多行代码替换
import turtle
turtle.pensize(2)
...
...
```

实验三　启发性实验 2

一、实验目的

1. 掌握 turtle 库的相关函数使用方法。
2. 掌握 tkinter 库的相关函数使用方法。
3. 了解 Python 图形绘制库的使用方法。

二、实验设备和仪器

1. 计算机。
2. Windows 10 操作系统。
3. IDLE 集成开发环境。

三、实验内容与步骤

1. 填空题 1。请补充代码，实现以下功能。

绘制一个矩形，并在其中绘制宽度为 15 像素的均匀红条，如图 9.11 所示。

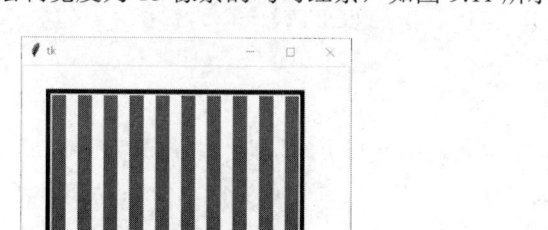

图 9.11　运行结果

程序代码如下。

```
#请在_____处用一行代码或表达式替换
#注意不要修改其他代码
from tkinter import *
from math import *
_____1_____
c=Canvas(w,bg='white')
_____2_____
c.create_rectangle(30,30,325,230,width=5)
x0=35
for i in range(10):
```

```
____3____(x0,35,x0+15,225,fill='red',outline='red')
x0+=30
```

2. 填空题 2。请补充代码，实现以下功能。

创建如图 9.12 所示的界面，选择相应单选按钮时，将窗口背景设置成相应的颜色。

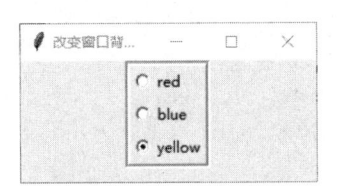

图 9.12 运行结果

```
def callb():
    w.config(bg=tf[int(v.get())])
from tkinter import *
w=Tk()
w.title('改变窗口背景颜色')
w.geometry('250x100')
v=StringVar()
_____1_____              #将第三个单选按钮设置为默认按钮
f=____2_____(w,bd=4,relief=GROOVE)   #建立框架
f.pack()
tf=['red','blue','yellow']
for n in range(len(tf)):
    r=____3_____(f,variable=v,text=tf[n],value=n,command=callb)
    r.grid(row=n,column=1,sticky=W)      #靠左放
w.mainloop()
```

3. 编程题 1。请补充代码，实现以下功能。

利用 tkinter 库建立如图 9.13 所示的初始界面，包括一个列表框和一个命令按钮。单击"计算"按钮后，将 100 以内所有能被 3 整除的自然数添加进列表框中，如图 9.14 所示。

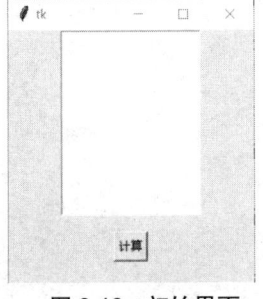

图 9.13 初始界面

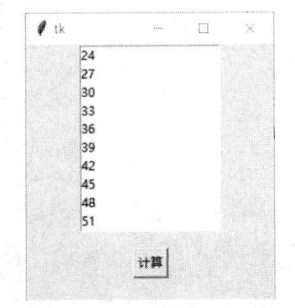

图 9.14 单击"计算"按钮后的界面

程序代码如下。

```
#请在...处用一行或多行代码替换
from tkinter import *
app=Tk()
app.geometry("250x250")
```

```
...
...
```

4. 编程题 2。请补充代码，实现以下功能。

利用 tkinter 库实现如图 9.15 所示的初始界面，单击按钮可以计算 1~100 的累加值，如图 9.16 所示。

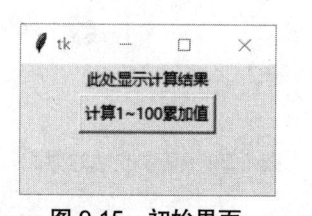

图 9.15　初始界面

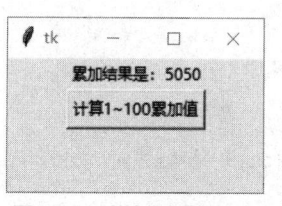

图 9.16　累加结果界面

程序代码如下。

```
#请在...处用一行或多行代码替换
from tkinter import *
w=Tk()
w.geometry('200x100')
...
...
```

实验四　设计性实验

一、实验目的

1. 掌握 turtle 库的相关函数使用方法。
2. 掌握 tkinter 库的相关函数使用方法。
3. 了解 Python 图形绘制库的使用方法。

二、实验设备和仪器

1. 计算机。
2. Windows 10 操作系统。
3. IDLE 集成开发环境。

三、实验内容与步骤

1. 程序设计 1。

利用 tkinter 库实现一个简单的计算器程序，初始界面如图 9.17 所示，输入数据后的计算界面如图 9.18 所示。

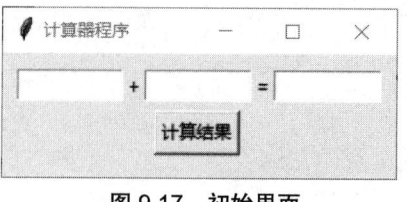

图 9.17　初始界面

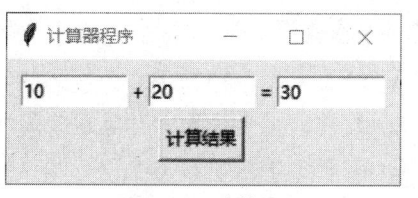

图 9.18　计算界面

2. 程序设计 2。

利用 tkinter 库实现一个简单的登录窗口。初始界面如图 9.19 所示，登录成功的界面如图 9.20 所示，登录失败的界面如图 9.21 所示。

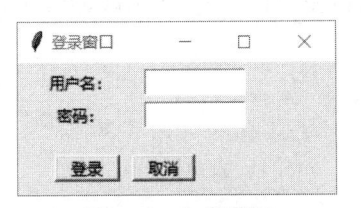

图 9.19　初始界面

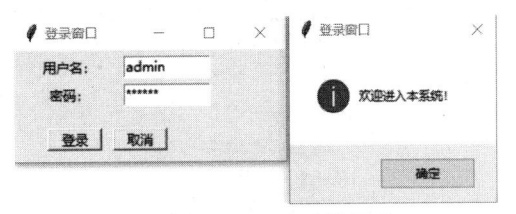

图 9.20　登录成功的界面

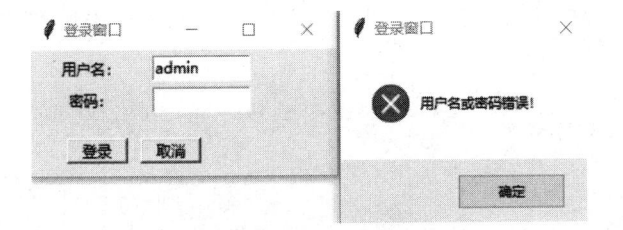

图 9.21　登录失败的界面

9.3　课后习题

一、选择题

1. （　　）不能正确导入 turtle 库，从而不能使用 setup() 函数。

A. import turtle

B. import turtle as t

C. from turtle import*

D. import setup from turtle

2. 关于 turtle 库，（　　）是错误的。

A. turtle 库最早成功应用于 LOGO 语言

B. 海龟移动的路径绘制成了图形

C. turtle 库是一个图形绘制库，使用起来直观、生动

D. turtle 坐标系的原点默认在屏幕左上角

3. （　　）是 turtle 库绘图时角度坐标系的绝对 0 度方向。

A. 画布正右方

B. 画布正左方

C. 画布正上方

D. 画布正下方

4. （　　）是以下代码的运行结果。

```
turtle.circle(-90,180)
```

A. 绘制一个半径为 180 像素的圆

B. 绘制一个半径为 180 像素的弧形，圆心在画布正中心

C. 绘制一个半径为 180 像素的弧形，圆心在初始位置的左侧

D. 绘制一个半径为 180 像素的弧形，圆心在初始位置的右侧

5. 关于 turtle 库绘图函数，（　　　）是错误的。

A. turtle.fd(distance)的作用是向海龟当前方向前进 distance 距离，可以为负数

B. turtle.circle(radius, extent=None)的作用是绘制一个椭圆，extent 参数可选

C. turtle.setup()方法的作用是设置主窗口的大小和位置

D. turtle.pensize(size)的作用是设置画笔的宽度为 size 像素

6. 关于 turtle 库的画笔状态函数，（　　　）是错误的。

A. turtle.penup()的别名为 turtle.pu()、turtle.up()

B. turtle.pencolor((r,g,b))的作用是设置画笔颜色

C. turtle.width()和 turtle.pensize()都可以用来设置画笔尺寸

D. turtle.pendown()作用是放下画笔，并移动画笔绘制一个点

7. （　　　）不能改变画笔的移动方向。

A. turtle.right()   B. turtle.seth()

C. turtle.fd()   D. turtle.left()

8. （　　　）能绘制一个半圆。

A. turtle.fd(100)   B. turtle.circle(100)

C. turtle.circle(100, 90)   D. turtle.circle(-100, 180)

9. （　　　）对 turtle.done()的描述是正确的。

A. turtle.done()用来停止绘制，但绘图窗口不关闭

B. turtle.done()放在代码最后，是 turtle 绘图的必要语句，表示绘制完成

C. turtle.done()用来暂停绘制，用户响应后还可以继续绘制

D. turtle.done()用来隐藏画笔，一般放在代码最后

10. turtle 库中控制颜色的函数是（　　　）。

A. turtle. pensize ()   B. turtle. pendown()

C. turtle. goto()   D. turtle. pencolor()

11. turtle 库中控制顺时针旋转的函数是（　　　）。

A. turtle. pendown()   B. turtle. left()

C. turtle. right()   D. turtle. pencolor()

12. 以下关于 turtle 库的描述中错误的是（　　　）。

A. 在 import turtle 之后，可以用 turtle.penup()语句抬起画笔

B. turtle. setheading(x)函数的作用是让画笔旋转 x 角度

C. 可以用 import turtle 语句导入 turtle 库

D. turtle. home()函数用于设置当前画笔位置为原点，方向朝上

13. turtle 绘制结束后，让画面停顿下来，不立即关掉窗口的函数是（　　　）。

A. turtle.setup()   B. turtle.done()

C. turtle.penup()   D. turtle.pendown()

14. 画布坐标系的坐标原点是主窗口的（　　　）。

A. 正中间   B. 左上角   C. 左下角   D. 右上角

15. 从画布 c 中删除图形对象 m，使用的命令是（　　　）。

A. c.delete(m)   B. m.delete(c)

C. c.pack(m)   D. m.pack(c)

16. Python 内置的标准 GUI 库是（　　　）。

A. easygui　　　　　　B. tkinter　　　　　　C. PyQt　　　　　　D. OS

17. 下列程序运行后得到的图形是（　　　）。

```
from tkinter import *
w=Tk( )
c=Canvas(w,width=400,height=200,bg='white')
c.pack()
c.create_polygon(50,50,50,150,130,150,fill='red')
```

A. 三角形　　　　　　B. 四边形　　　　　　C. 五边形　　　　D. 六边形

18. 在画布 c 中将图形对象 m 在 x 方向上移动 10 像素，在 y 方向上移动 20 像素，运行的语句是（　　　）。

A. m.move(c,20,10)　　　　　　　　　B. m.move(c,10,20)

C. c.move(m,10,20)　　　　　　　　　D. c.move(m,20,10)

19. 下列程序运行后，得到的图形是（　　　）。

```
from turtle import *
goto(100,100)
```

A. 水平直线　　　　　　　　　　　B. 垂直直线

C. 斜线　　　　　　　　　　　　　D. 只移动坐标，不绘制图形

20. 运行以下程序，得到的图形是（　　　）。

```
from turtle import *
for i in range(3):
    up()
    goto(0,-50-i*50)
    down()
    circle(50+i*50)
```

A. 三个同心圆　　　　　　　　　　B. 两个同心圆

C. 三个相交的圆　　　　　　　　　D. 三个半圆

21. （　　　）语句可以用来创建用户界面的顶层窗口对象。

A.tkinter.place()　　　　　　　　　B.tkinter.Button()

C.tkinter.Tk()　　　　　　　　　　D.mainloop()

22. 使用 tkinker 库创建图形界面时，（　　　）方法可以使窗口中的组件及时更新。

A. geometry()　　　　　　　　　　B. pack()

C. quit()　　　　　　　　　　　　D. mainloop()

23. 向窗口中添加一个按钮，应使用（　　　）组件。

A. Scale　　　　　　　　　　　　B. Entry

C. Text　　　　　　　　　　　　D. Button

24. Message 组件的作用是（　　　）。

A. 信息框，一类弹出窗口的总称，包含对话框、文件对话框等

B. 复选框，提供一些选项供用户进行选择，可以选择多项

C. 列表框，给出一个个选项供用户选择

D. 滚动条，用于 Text、Listbox 等组件

25. 下列组件中可用于创建多行文本框的是（　　　）。

A. Entry　　　　　　　　B. Scale　　　　　　　C. Label　　　　　　　D. Text

26. 以下不属于 tkinter 组件布局方法的是（　　　）。

A. grid()　　　　　　　B. pack()　　　　　　　C. config()　　　　　D. place()

27. 如果要输入学生的兴趣爱好，比较好的方法是采用（　　　）。

A. 单选按钮　　　　　　B. 复选框　　　　　　　C. 文本框　　　　　　D. 列表框

28. 为使 tkinter 库创建的按钮起作用，应在创建按钮时，为按钮组件的（　　　）方法指明回调函数或语句。

A. pack()　　　　　　　B. command()　　　　　C. geometry()　　　　D. bind()

29. 程序代码运行结果如图 9.22 所示，以下最有可能是该程序代码的是（　　　）。

A. btn.place(x=40,y=20,width=80,height=120)

B. btn.place(x=40,y=20,width=120,height=80)

C. btn.place(x=20,y=40,width=80,height=120)

D. btn.place(x=20,y=40,width=120,height=80)

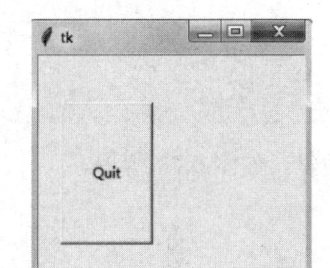

图 9.22　程序代码运行结果

30. 在调用 pack()方法进行窗口布局时，（　　　）参数用来对对象进行位置设定。

A. expand　　　　　　　B. padx/pady　　　　　C. side　　　　　　　D. fill

二、填空题

1. 使用turtle库绘制一个正方形。

```
import turtle as t
t.pensize(3)
for i in range(4):
    t.fd(100)
    _____
```

2. 使用turtle库绘制一个正六边形。

```
import turtle as t
t.pensize(3)
for _____:
    t.fd(100)
    t.left(60)
```

3. 使用 turtle 库绘制一个正八边形。

```
import turtle as t
t.pensize(3)
for i in range(8):
    t.fd(180)
    _____
```

4. 使用 turtle 库绘制一个叠边形，其中叠边形内角为80°。

```
import turtle as t
t.pensize(2)
for i in range(9):
    t.fd(180)
    _____
```

5. 使用 turtle 库绘制一个边长为40像素的正十二边形。

```
import turtle
turtle.pensize(2)
d = 0
for _____:
    turtle.fd(40)
    d += 30
    turtle.seth(d)
```

6. 使用 turtle 库绘制红色五角星，如图 9.23 所示。

图 9.23　红色五角星

```
from turtle import *
pencolor("red")
goto(-100, 50)
pendown()
color("red")
begin_fill()
for i in range(5):
    forward(200)
    _____

end_fill()
hideturtle()
done()
```

7. 使用 turtle 库绘制螺旋线，如图 9.24 所示。

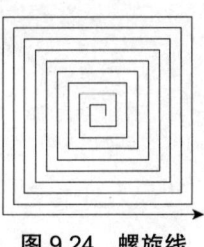

图 9.24 螺旋线

```
import turtle
n = 10
for i in range(1, 10, 1):
    for j in [90, 180, -90, 0]:
        turtle.seth(_____)
        turtle.fd(_____)
        n+=5
```

8. 使用 turtle 库绘制同心圆，如图 9.25 所示。

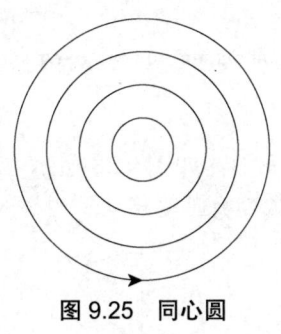

图 9.25 同心圆

```
import turtle as t
def DrawCircle(n):
    _____          #抬起画笔
    t.goto(0, -n)
    t.pendown()
    t.circle(_____, 360)
for i in range(20, 100, 20):
    DrawCircle(i)
```

9. 绘制如图 9.26 所示的风扇图形。

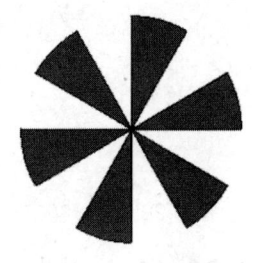

图 9.26 风扇图形

```
from tkinter import *
_____
c=Canvas(w,width=300,height=240,bg='white')
c.pack()
for i in range(0,360,60):
    c. _____ (50,20,250,220,fill='green',start=i,extent=30)
```

10. 绘制如图 9.27 所示的正方形，边长为80像素。

图 9.27　正方形

```
from tkinter import *
w=Tk()
c=Canvas(w,width=300,height=200,bg='white')
c.pack()
c.create_rectangle(110,110,_____,_____,fill='green',outline='green',width=5)
```

三、编程题

1. 使用 turtle 库绘制一个风扇图形，如图 9.28 所示。其中，扇形的角度为45°，半径为150像素（提示：turtle.goto(x,y)函数能将画笔移动到坐标(x,y)处）。

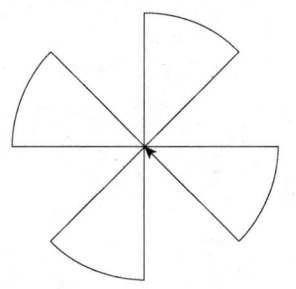

图 9.28　风扇图形

2. 使用 turtle 库绘制一个六瓣花，如图 9.29 所示。

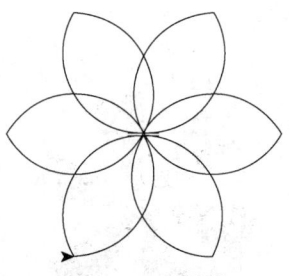

图 9.29　六瓣花

3. 使用 turtle 库绘制太阳花，如图 9.30 所示，其中画笔颜色为红色，填充颜色为黄色。

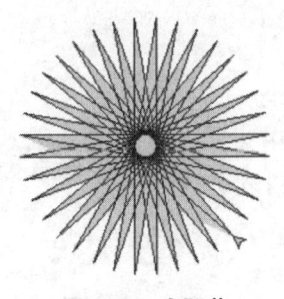

图 9.30　太阳花

4. 使用 turtle 库绘制 Python 蟒蛇，如图 9.31 所示。

图 9.31　Python 蟒蛇

5. 使用 turtle 库绘制轮廓为红色、填充颜色为粉红色的心形图形，如图 9.32 所示。

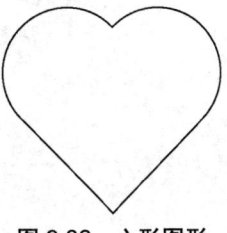

图 9.32　心形图形

附录 全国计算机等级考试二级

Python 语言程序设计考试例卷

一、选择题（每题 1 分，共 40 分）

（1）在最坏的情况下比较次数相同的排序算法是（ ）。

A. 冒泡排序与快速排序
B. 简单插入排序与希尔排序
C. 简单选择排序与堆排序
D. 快速排序与希尔排序

（2）设二叉树的中序序列为 BCDA，前序序列为 ABCD，则后序序列为（ ）。

A. CBDA
B. DCBA
C. BCDA
D. ACDB

（3）设树的度为 3，且有 9 个度为 3 的结点，5 个度为 1 的结点，但没有度为 2 的结点，则树的叶子结点数为（ ）。

A. 18
B. 33
C. 19
D. 32

（4）下列叙述中错误的是（ ）。

A. 向量属于线性结构
B. 二叉链表是二叉树的存储结构
C. 栈和队列是线性表
D. 循环链表是循环队列的链式存储结构

（5）下列对软件特点的描述中错误的是（ ）。

A. 软件的使用存在老化问题
B. 软件的复杂度高
C. 软件是逻辑实体，具有抽象性
D. 软件的运行对计算机系统具有依赖性

（6）数据流图（Data Flow Diagram，DFD）的作用是（ ）。

A. 描述软件系统的控制流
B. 支持软件系统功能建模
C. 支持软件系统的面向对象分析
D. 描述软件系统的数据结构

（7）结构化程序的 3 种基本控制结构是（ ）。

A. 递归、堆栈和队列
B. 过程、子程序和函数
C. 顺序、选择和重复
D. 调用、返回和转移

（8）同一个关系模型的任意两个元组值（ ）。

A. 可以全相同
B. 不能全相同
C. 必须全相同
D. 以上都不对

（9）在银行业务中，实体客户和实体银行之间的关系是（ ）。

A. 一对一
B. 一对多
C. 多对一
D. 多对多

（10）定义学生选修课程的关系模式为：SC(S#，Sn，C#，Cn，G，Gr)（其属性分别为学号、姓名、课程号、课程名、成绩、学分）。则对主属性部分依赖的是（　　　）。

A. C#→Cn
B. (S#，C#)→G

C. (S#，C#)→S#
D. (S#，C#)→C#

（11）在 Python 中，IPO 模式不包括（　　　）。

A. Program（程序）
B. Input（输入）

C. Process（处理）
D. Output（输出）

（12）在屏幕上输出"Hello World"，使用的 Python 语句是（　　　）。

A. printf("Hello World")
B. print(Hello World)

C. print("Hello World")
D. printf(Hello World)

（13）以下关于二进制整数的定义中，正确的是（　　　）。

A. 0B1014
B. 0b1010

C. 0B1019
D. 0BC3F

（14）以下关于 Python 语言复数类型的描述中，错误的是（　　　）。

A. 复数可以进行四则运算

B. 实数部分不可以为 0

C. 可以使用 z.real()和 z.imag()方法分别获取它的实数部分和虚数部分

D. 复数类型与数学中复数的概念一致

（15）以下变量名中，符合 Python 语言变量命名规则的是（　　　）。

A. 33_keyword
B. key@word33_

C. nonlocal
D. _33keyword

（16）以下关于 Python 分支结构的描述中，错误的是（　　　）。

A. Python 分支结构使用保留字 if、elif、else 来实现，if 后面必须有 elif 子句和 else 子句

B. if-else 结构是可以嵌套的

C. if 语句会判断 if 后面的逻辑表达式，当表达式为真时，运行后续的语句块

D. 缩进是 Python 分支结构的语法部分，缩进不正确会影响分支功能

（17）列表变量 ls 共包含 10 个元素，ls 索引的取值范围是（　　　）。

A. (0, 10)
B. [0,10]

C. (1,10]
D. [0,9]

（18）用键盘输入数字 5，以下代码的输出结果是（　　　）。

```
n=eval(input("请输入一个整数："))
s=0
if n>=5:
    n-=1
    s=4
if n<5:
    n-=1
    s=3
print(s)
```

A. 4
B. 3
C. 0
D. 2

（19）以下关于 Python 循环结构的描述中，错误的是（　　）。

A. while 循环使用保留字 continue 结束本次循环

B. while 循环可以使用保留字 break 和 continue

C. while 循环也称为遍历循环，用于遍历序列类型中的元素，默认提取每个元素并运行一次循环

D. while 循环若使用 pass 语句，则什么事也不做，只是一条占位语句

（20）用键盘输入数字 10，以下代码的输出结果是（　　）。

```
try:
    n=input("请输入一个整数：")
    def pow2(n):
        return n*n
except:
    print('程序运行错误')
```

A. 100　　　　　　　　　　　　　　　B. 10

C. 程序运行错误　　　　　　　　　　　D. 程序没有任何输出

（21）以下关于 return 语句的描述中，正确的是（　　）。

A. 函数只能返回一个值　　　　　　　　B. 函数必须有 return 语句

C. 函数可以没有 return 语句　　　　　　D. 函数最多有一个 return 语句

（22）以下关于全局变量和局部变量的描述中，错误的是（　　）。

A. 退出函数时，局部变量依然存在，下次调用函数时可以继续使用它

B. 全局变量指在函数之外定义的变量

C. 使用 global 保留字声明变量后，变量可以作为全局变量使用

D. 局部变量在函数内部创建和使用，函数退出后变量被释放

（23）以下代码的输出结果是（　　）。

```
CLis=list(range(5))
print(5 in CLis)
```

A. True　　　　　　　B. False　　　　　　　C. 0　　　　　　　D. -1

（24）关于以下代码的描述中，正确的是（　　）。

```
def fact(n):
    s=1
    for i in range(1,n+1):
        s*=i
return s
```

A. 代码中 n 是可选参数　　　　　　　　B. fact(n)函数的功能是求 n!

C. s 是全局变量　　　　　　　　　　　D. range()函数的范围是[1,n+1]

（25）以下代码的输出结果是（　　）。

```
def func(a,b):
    a**=b
    return a
s=func(2,5)
```

```
print(s)
```

A. 10　　　　　　　　　B. 20　　　　　　　　　C. 32　　　　　　　　　D. 5

（26）以下代码的输出结果是（　　）。

```
ls=["apple","red","orange"]
def funC(a):
    ls.append(a)
    return
funC("yellow")
print(ls)
```

A. [ ]

B. ["apple","red","orange"]

C. ["yellow"]

D. ["apple","red","orange","yellow"]

（27）以下描述中错误的是（　　）。

A. Python 通过索引来访问列表中的元素，索引可以是负数

B. 列表用方括号来定义，继承了序列类型的所有属性

C. Python 列表是各种数据类型的集合，列表中的元素不能被修改

D. Python 语言的列表类型能够包含其他组合数据类型

（28）以下描述中，正确的是（　　）。

A. 如果 s 是一个序列，s=[1,"kate",True]，s[3]返回 True

B. 如果 x 不是 s 的元素，x not in s 返回 True

C. 如果 x 是 s 的元素，x in s 返回 1

D. 如果 s 是一个序列，s=[1,"kate",False]，s[-1]返回 True

（29）以下代码的输出结果是（　　）。

```
S='Pame'
for i in range(len(S)):
    print(S[-i],end="")
```

A. Pame

B. emaP

C. ameP

D. Pema

（30）以下代码的输出结果是（　　）。

```
for s in "HelloWorld":
    if s=="W":
        continue
    print(s,end="")
```

A. World

B. Hello

C. Helloorld

D. HelloWorld

（31）下面的 d 是一个字典，能输出数字 2 的语句是（　　）。

```
d={'food':{'cake':1,'egg':5},'cake':2,'egg':3}
```

A. print(d['food']['egg'])

B. print(d['cake'])

C. print(d['food'][-1])

D. print(d['cake'][1])

（32）以下代码的输出结果是（　　）。

```
s=[4,2,9,1]
s.insert(3,3)
print(s)
```

A. [4,2,9,1,2,3]　　　　　　　　　　　B. [4,3,2,9,1]

C. [4,2,9,2,1]　　　　　　　　　　　　D. [4,2,9,3,1]

（33）在 Python 语言中，写入文件时定位到某个位置所用的函数是（　　）。

A. write()　　　　　　　　　　　　　　B. writeall()

C. seek()　　　　　　　　　　　　　　D. writetext()

（34）以下对 Python 文件处理的描述中，错误的是（　　）。

A. 当文件以文本文件模式打开时，按照字节流方式进行读/写

B. Python 能以文本文件和二进制文件两种模式处理文件

C. Python 能通过解释器内置的 open()函数打开一个文件

D. 文件使用结束后可以用 close()方法关闭，释放文件的使用权

（35）以下关于 Python 二维数据的描述中，正确的是（　　）。

A. 表格数据属于二维数据，由整数索引的数据构成

B. 二维数据由多条一维数据构成，可以看作一维数据的组合

C. 一种通用的一维数据存储形式是 CSV 格式

D. CSV 文件的每行表示一个二维数据，用半角逗号分隔

（36）要读取 CSV 文件保存的二维数据，并按特定分隔符抽取信息，最可能用到的函数是（　　）。

A. read()　　　　　　　　　　　　　　B. join()

C. replace()　　　　　　　　　　　　D. split()

（37）运行以下代码后，book.txt 文件的内容是（　　）。

```
fo=open("book.txt","w")
ls=['book','23','201009','20']
fo.write(str(ls))
fo.close()
```

A. ['book','23','201009','20']　　　　　B. book, 23,201009,20

C. [book, 23,201009,20]　　　　　　　　D. book 2320100920

（38）在 Python 语言中，属于网络爬虫领域的第三方库的是（　　）。

A. wordcloud　　　　　　　　　　　　B. numpy

C. scrapy　　　　　　　　　　　　　　D. pyqt5

（39）在 Python 语言中，用于数据分析的第三方库的是（　　）。

A. pandas　　　　　　　　　　　　　　B. pillow

C. django　　　　　　　　　　　　　　D. flask

（40）在 Python 语言中，不属于机器学习领域的第三方库的是（　　）。

A. tensorflow　　　　　　　　　　　　B. time

C. pytorch　　　　　　　　　　　　　　D. mxnet

二、基本操作题（共 15 分）

（1）输入 4 个数字，用空格分隔，分别对应变量 x_0、y_0、x_1、y_1。计算两点 (x_0, y_0) 和 (x_1, y_1) 之间的距离，输出这个距离，保留 1 位小数。例如，输入"3 4 8 0"，输出"6.4"。

（2）输入一段中文文本，不包含标点符号和空格，保存为变量 s，用 jieba 库对其进行分词，输出该文本中词语的平均长度，保留 1 位小数。例如，输入"黑化肥发灰会挥发"，输出"2.7"。

（3）输入一个 9800～9811 的正整数 n，作为 Unicode 编码，把 $n-1$、n 和 $n+1$ 这 3 个 Unicode 编码的对应字符按照如下格式输出：宽度为 11 个字符、用"+"填充、居中。例如，输入"9802"，输出 ++++♀♁♂++++ 。

三、简单应用题（共 25 分）

（1）使用 turtle 库的 turtle.fd() 函数和 turtle.seth() 函数绘制一个正方形，边长为 200 像素，如附图 1.1 所示。

附图 1.1　正方形

（2）输入张三的课程名称及成绩等信息，用空格分隔，示例格式如下。

```
数学 98
语文 89
英语 94
物理 74
科学 87
```

输出得分最高的课程及成绩、得分最低的课程及成绩、平均分（保留 2 位小数），将输出结果保存在 PY202.txt 文件中，格式如下。

```
最高分课程是数学 98，最低分课程是物理 74，平均分是 88.40
```

四、综合应用题（共 20 分）

以下为公司职员随身佩戴的位置传感器采集的数据，数据文件名称为 sensor.txt（请自行创建）。

```
2016/5/31 0:05, vawelon001,1,1
2016/5/31 0:20, earpa001,1,1
2016/5/31 2:26, earpa001,1,6
...
```

第 1 列是传感器获取数据的时间，第 2 列是传感器编号，第 3 列是传感器所在的楼层，第 4 列是传感器所在的区域编号。

问题 1（10 分）：读取 sensor.txt 文件中的数据，提取传感器编号为 earpa001 的所有数

据，输出结果并保存至 earpa001.txt 文件中。输出文件格式要求：将原数据文件中的每行记录写入新文件中，要求行尾无空格且无空行。参考格式如下。

```
2016/5/31 7:11, earpa001,2,4
2016/5/31 8:02, earpa001,3,4
2016/5/31 9:22, earpa001,3,4
...
```

问题 2（10 分）：读取 earpa001.txt 文件中的数据，统计 earpa001 对应的职员在各楼层和区域出现的次数，保存至 earpa001_count.txt 文件中，要求位置和次数之间用逗号隔开，行尾无空格、无空行，参考格式如下。

```
1 - 1,5
1 - 4,3
...
```

含义如下。

第 1 行的 "1 - 1,5" 中，1 - 1 表示 1 层 1 号区域，5 表示出现了 5 次。

第 2 行的 "1 - 4,3" 中，1 - 4 表示 1 层 4 号区域，3 表示出现了 3 次。